新版 論文作成ガイド
社会科学を学ぶ学生のために

應和　邦昭

東京農業大学出版会

新版　まえがき

　この『論文作成ガイド』の初版が刊行されたのは2013年で、今からちょうど5年前のことです。『論文作成ガイド』の刊行を思い立ったのは、2010年以降、私が、東京農業大学大学院農学研究科農業経済学専攻において「論文作成法」という講義を担当することになったためです。

　「論文作成法」を担当することになった当初は、初版の「はじめに」の部分においても述べていますように、もともと学部学生の卒業論文指導のために作成していた手製の小冊子を用いながら、大学院生の論文作成指導を行なっていました。そんなある日、ひとりの大学院学生から「なぜこの小冊子を1冊の本の形で刊行し、誰もが入手できるようにされないのですか」と問いかけられたことが、このガイドブックの刊行を決意したそもそものきっかけでした。

　半年ほどの時間をかけて手製の小冊子に手を加え、初版の刊行にこぎ着けたのですが、初版の刊行当初、このガイドブックの利用者は、東京農業大学の国際食料情報学部食料環境経済学科の学生と大学院農学研究科農業経済学専攻の一部学生に限られるのではないかと懸念していたところ、幸いにも、他大学の先生方にもゼミにおける論文指導に使用していただけるなど、このガイドブックは思いのほか好評で、初版刊行後、増刷を行なうこともできました。しかしその一方で、少し内容を修正すべきであるとか、加筆すべきであると思われる箇所が見つかり、さらには記述全体の構成を整理し、一部記述の順序を変更した方が理解しやすいと思われる点も見つかったため、このたび思い切ってその点を改めた〈新版〉の刊行を決意しました。

　本文の記述内容に関しては、初版と新版との間にさほど大きな変更はありませんが、全体構成を章・節の形に改め、全体を6つの章にまとめた点が比較的大きな変更点です。前半の3つの章では、論文の前提となる研究活動、とくに社会科学における研究の仕方であるとか、研究作業に関する注意事項等を整理し、まとめてあります。それに対して、後半の3つの章は、いずれも論文執筆に関して予め知っておくべき事柄を整理したものです。

　とくに後半部分の第V章では、文章表現に関する基本的注意事項、さらには文章表現に関して予め知っておくべき事柄を集約し、「論文執筆の諸技法」として一まとめにすることにしました。さらに、よりきちんとした文章表現をするための一助となればと考え、巻末に「『異字同訓』の漢字の使い分け例」（文化審議会国語分科会報告）と

「送り仮名の付け方」(内閣告示)を〈付録〉として掲載することにしました。この点も、新版における比較的大きな変更点です。

巻末に2つの付録が加わったため、初版と比べ全体のページ数はかなり増える結果になりましたが、本文自体の分量にはさほど大きな変化はなく、初版が目指したコンパクトなガイドブックという目標は引き継がれています。

このガイドブックは、初めて学術論文を作成しようとする学生諸君が抱えている悩みを少しでも解消することに役立てばと考えて作成したものですが、しかし、とくに第Ⅴ章の「論文執筆の諸技法」の部分は、学術論文の執筆のみではなく、種々のレポート作成にも、また多くの学生が大学での勉学を終え、やがて社会人となったとき、きちんとした書類を作成するためにも役に立つものと考えています。

この『新版 論文作成ガイド』の刊行に関しては、初版の刊行時と同様に、東京農業大学出版会の袖山松夫氏に大変お世話になりました。最後になりましたが、改めてお礼を申し上げる次第です。

2018年2月10日

著　者

初版　はじめに

　近年、学部学生に卒業論文を課している大学は少なくなってきているように思いますが、大学によっては依然として学部学生にも卒業論文を課している大学があります。

　そうした大学では、3年次生のころから卒業論文指導が始まるのですが、私自身のこれまでの指導経験を想い起こしてみると、そもそも「論文とは何か」ということにはじまり、「どのようなテーマを選べばよいのか」「どのように研究を進めていけばよいのか」、さらには「研究成果はどのように表現していけばよいのか」といった悩みを抱える学生がほとんどであったように思います。また、学部を卒業し大学院に進んだ学生の中にも、きちんとした論文の書き方を学ぶ機会がなく、そのため研究成果をうまく表現できず、修士論文や博士論文の作成に悩んでいる、という大学院生もたくさんいるように思います。

　私自身を振り返ってみても、学部学生の時代には卒業論文が課せられていなかったため、論文作成に関する指導を受ける機会がなく、その後、大学院に進学し、初めて修士論文を書かなくてはならなくなったときに大変悩んだ記憶があります。また当時、これといった論文作成に関するガイドブックないしは手引書も見当たらず、修士論文に関しては、自分が目を通した先輩諸氏の研究論文の章別構成や記述のスタイル等を参考にしながら、いわば〈見よう見まね〉で作成せざるを得なかったことを覚えています。

　幸いなことに近年は、優れた論文作成に関するガイドブックが多く出版されてきていますので、それらを入手し、利用することで上述したような悩みはかなり解消されるように思います。私もこれまで、学部学生の卒業論文や、大学院生の修士論文、博士論文等の作成を指導する立場上、いくつかのガイドブックを買い求め、目を通してきました。いずれもガイドブックとして優れた点が多々あり、またそれらのガイドブックを通して改めて教えられたところもたくさんあります。したがって、とくに研究者としての道を歩もうとする大学院生たちには、是非ともそれらガイドブックの何冊かに目を通し、きちんとした学術論文の作成技法を身に着けて欲しいと願っています。

　しかしその一方で、私は、それらのガイドブックに対して、卒業論文や修士論文などの学術論文を初めて書こうとする学部学生や大学院生の立場からするといずれも少し大部であり、初めて学術論文を作成しようとする者が知っておかなければならない基本的な事柄の習得をかえって難しくしているのではないか、とも感じてきました。そこで、学部学生や大学院に進んだ学生にとって容易に読み通すことができ、かつ論文作成に当たって知っておかなければならない必要最小限の事柄が網羅されているような、コンパクトなガイドブックがあ

ればと考え、このガイドブックを作成することにしました。

〈論文〉といっても、自然科学の分野と人文科学・社会科学の分野では、研究の方法が大きく異なっているため、そのまとめ方も異なっています。このガイドブックは、表題にみられるように、社会科学を学ぶ学生が初めて論文を作成しようとする場合に役立つようにと考え、その際に予め知っておいて欲しいと思われることをまとめたものです。

社会科学の分野といっても、それはいくつもの専門領域に分かれています。このガイドブックは、その中でもとくに経済学に関わる研究領域を念頭におき、その領域での研究成果を論文としてまとめる場合の方法について論じたものですが、広く社会学、経営学、法律学、さらには歴史学の領域で学ぶ学生が論文を作成しようとする場合にも役立つものと考えています。

ところで、学術論文の書き方とか形式には絶対的な決まりはありません。しかし、ある程度ルール化されたものはあります。それは、研究成果をより明確に読者に伝えるために工夫されてきたもの、といってよいでしょう。そのようなある程度ルール化されたものを知っておけば、卒業論文や修士論文、博士論文もよりまとまりのある論文になるはずです。

このガイドブックを作成するに当たっては、いく人かの先輩諸氏のガイドブックを参考にさせていただいていますが、とくに、斉藤孝＝西岡達裕『学術論文の技法〔新訂版〕』（日本エディタースクール出版部、2005年）、新堀聰『評価される博士・修士・卒業論文の書き方・考え方』（同文舘出版、2002年）には、その多くを負っています。このガイドブックでは不十分だと思われる人は、是非ともそれらのガイドブックを手にとり、目を通していただければと思います。

このガイドブックは、私が、東京農業大学国際食料情報学部食料環境経済学科の専任教員として、学部学生および大学院生の論文指導を行なうに当たって作成した、手製の小冊子がもとになっています。1998年に初めて作成したその手製のガイドブックも、数回の改訂を加えながら、学部学生や大学院生の論文指導のために用いてきましたが、このたび、東京農業大学出版会のご協力により、広く利用できる形のガイドブックとして刊行していただけることになりました。このガイドブックが、初めて学術論文を作成しようとする学生諸君が抱えている悩みを少しでも解消することに役立てば、幸いです。

最後になりましたが、このガイドブックの刊行に当たっては、東京農業大学出版会の袖山松夫氏に大変お世話になりました。記してお礼を申し上げます。

2013年3月10日

著　者

目　次

新版　まえがき
初版　はじめに

第Ⅰ章　学術論文とは何か ……………………………………………………… 1
第Ⅱ章　論文作成の手順、研究テーマの設定、
　　　　　および文献の探索・収集 …………………………………………… 7
　第1節　論文作成の手順　7
　第2節　研究テーマの設定　8
　第3節　文献の探索・収集　9

第Ⅲ章　先行研究の精査・検討と独自の知見 ………………………………… 13
　第1節　先行研究の精査・検討　13
　第2節　独自かつ斬新な知見の追究　14
　第3節　フィールド調査と独自の知見　16

第Ⅳ章　執筆テーマの限定と論文の全体構成 ………………………………… 19
　第1節　論文の目標分量と執筆テーマの限定　19
　第2節　論文の全体構成と章別構成　21

第Ⅴ章　論文執筆に関する諸技法 ……………………………………………… 25
　第1節　書式スタイルの設定　25
　第2節　文章表現に関する基本的注意事項　30
　第3節　文章表現に関する各種の表記基準　34
　　（1）「送り仮名の付け方」基準 ──「単独の語」と「複合の語」── 34
　　（2）「かな書き」が望ましい代名詞、副詞、接続詞など　39
　　（3）国名・外国の地名・動植物名・単位などの表記　39
　　（4）外来語の表記　41
　　（5）数字の表記　44
　　（6）約物（記述記号）の使い方　45

第4節　文献・資料の表記法　47
　　　（1）文献表記に必要な基本的記載事項　48
　　　（2）オーソドックス型文献表記法　49
　　　（3）ハーバード型文献表記法　55
　　　（4）インターネットから得られた情報のありかを表記する方法　56
　　第5節　引用文および出典箇所の表記法　57
　　第6節　表・図の表記法　62

第Ⅵ章　論文の仕上げ …………………………………………… 67
　　第1節　全体の形式を整える作業　67
　　第2節　内容全体の見直し作業 ── 修正と校正 ──　69

おわりに　73

論文作成技法に関する主要参考文献　74
約物（記述記号）の名称　75
〈付録1〉「『異字同訓』の漢字の使い分け例」（文化審議会国語分科会報告）　79
〈付録2〉「送り仮名の付け方」（内閣告示）　109

第Ⅰ章　学術論文とは何か

　論文、すなわち学術論文にはいろいろなものがあります。博士論文、修士論文などがそれですが、学部学生が作成する卒業論文もれっきとした学術論文です。
　論文は文章でもってある問題を論じていくのですが、しかし、評論とは違います。評論も何らかの問題を論じていくのですが、結論に至る論証や研究手続がほとんど省略され、結論のみが明確になっているのに対し、論文は結論に至るまでの論証過程が重要な中身になっています。その点が評論と論文との大きな違いである、と言ってもよいでしょう。しかも論文は一般の読者を対象として書かれたものではなく、やはり研究者に読んでもらうことを目的としている、という点にも違いがあります。とはいえ、まだ〈論文とは何か〉ということがはっきりと見えてこないのではないかと思いますので、いま少し〈論文とは何か〉を考えてみることにします。

●論文とは何か

　新堀聰氏が書かれた『評価される博士・修士・卒業論文の書き方・考え方』（同文舘出版、2002年）では、国語辞典における〈論文〉の定義・説明がまず取り上げられ、それをもとに〈論文とは何か〉が検討されています。私もそれを見習い、手許にある3つの国語辞典において〈論文〉という語がどのように定義されているかを見てみることにします。

　＊新村出編『広辞苑　第6版』（岩波書店、2008年）
　　「①論議する文。理義を論じきわめる文。論策を記した文。②研究の業績や結果を書き記した文。」
　＊西尾実ほか編『岩波国語辞典　第7版』（岩波書店、2009年）
　　「意見を述べて議論する文章。特に、学術研究の成果を筋道立てて述べた文章。」
　＊松村明編『大辞林　第3版』（三省堂、2006年）
　　「①ある事物について理論的な筋道を立てて説かれた文章。②学術的な研究成果を理論的に述べた文章。」

国語辞典ごとに定義づけは少し異なっていますが、内容的にはほぼ同じです。新堀氏は、そのような国語辞典の定義をいくつか挙げ、それらに共通していることとして、次の３つの点を指摘されています（新堀 2002：3-4）。

① 論文とは、文章であること
② 研究の成果であること
③ 理論的に筋道の立ったものでなければならないこと

　この３つの点は、論文であるための不可欠な要件である、といってよいのですが、その要件のうち、①の「論文とは、文章であること」という要件は自明のことであり、いわば論文にとって大前提ですから、論文にとって肝心な事柄は、②と③ということになります。単なる文章ではなく、論文であるためには「研究の成果」が必要ですし、また「理論的に筋道の立った」文章でその成果を述べることが必要です。そのことを踏まえて、新堀氏は〈論文〉を次のように定義されています。

　「学問のある分野において、先人の研究成果である著書、論文などの先行研究業績を理論的・批判的に精査・分析した結果に基づき、何らかのユニークな視点から説得力のある自己の独創的意見を新しい知見として論理的に展開し、もって学問のさらなる発展に寄与する文章群」（新堀 2002：5）

　論文についての新堀氏の定義はたいへん明解で、論文（＝学術論文）の核をなすものは研究の成果としての〈自らの独創的な新しい知見〉、言い換えれば〈独自の知見〉であり、それを論理的に述べたものが論文である、ということになります。では、〈独自の知見〉はどのようにして、得られるのでしょうか。

● 〈独自の知見〉は、先行研究の批判的検討を通じて得られる
　論文の核をなす〈独自の知見〉は、決して何もないところから生まれてくるものではありません。いずれの学問分野においても、すでに先人が残した研究成果、すなわち先行研究業績がありますが、自然科学のように〈実験〉という方法をとることができない社会科学では、その先行研究業績を検討することが、重要な意味を持ちます。つまり、先行研究業績を乗り越え、独創的で新しい知見を導き出すためには、新堀氏が述べられているように、〈先行研究業績を理論的・批判的に精査・分析すること〉

が不可欠なのです。社会科学にあっては、そのような方法をとることによって、はじめてユニークで独創的な知見に近づくことができるのであり、したがって、そのような作業こそが社会科学における研究である、ともいえます。

● **研究論文とは言えないもの**

新堀氏の前掲書においても、また、斉藤孝＝西岡達裕氏によって書かれた『学術論文の技法〔新訂版〕』（日本エディタースクール出版部、2005年）においても、論文が何であるかをよりよく理解するために、あえて〈研究論文とは言えないもの〉が挙げられていますので、それを紹介しておきましょう。

まず新堀氏は、「次のような文章群は、論文としての資格を持たない」として、以下の4項目を挙げておられます（新堀 2002：15-16）。

① 単に統計・調査の結果を記録したもの
② 単に事実の推移を記録したもの
③ 単に文献等を要約したもの
④ 単に引用を羅列したもの

斉藤＝西岡氏が、〈研究論文とは言えないもの〉として挙げられている事柄は、次の5つです（斉藤＝西岡 2005：7-8）。

① 一冊の書物や、一篇の論文を要約したものは論文ではない
② 他人の説を無批判に繰り返したものは研究論文ではない
③ 引用を並べただけでは研究論文ではない
④ 証拠立てられない私見だけでは論文にならない
⑤ 他人の業績を無断で使ったものは剽窃であって研究論文ではない

新堀氏、斉藤＝西岡氏が指摘されている内容は、ほとんど共通しています。そしてその多くが、学部学生の卒業論文において見られます。いずれも〈論文として失格〉です。

●他人の文章を無断で書き写し、自分の文章に見せかけることは不法行為である

〈論文として失格〉となるだけでなく、一種の犯罪行為であって、決して行なってはならないことは、斉藤＝西岡氏が⑤で指摘されている点です。すなわち、他の研究者の書いた書物や論文を要約し、それをつなぎ合わせ、あたかも自分が考えたものであるかのように見せかけるとか、あるいは他人の文章を無断で書き写し、あたかも自分が書いた文章であるかのように見せかけることです。それは〈剽窃（ひょうせつ）〉と呼ばれる不正行為であり、恥ずべき行為であると同時に、著作権の観点から考えると窃盗や詐欺行為と同じく不法行為ともいえるものです。

斉藤＝西岡氏は、「他人の業績を無断で使ったものは剽窃であって研究論文ではない」として、〈研究論文とは言えないもの〉に当たる事柄の1つとしてあえて列挙し、注意を促されているのですが、私もその点に関してはとくに注意を喚起しておきたいと思います。というのも、近年、インターネットを通じて様々な情報が容易に得られるようになってきた中で、他人の書いた文章を無断で利用し、あたかも自分の意見・文章であるかのように見せかけている不正行為、まさに剽窃が頻繁に起こっているからです。その端的な例が、多くの学生が提出してくるレポートに見られます。

私もこれまで多くの学部学生に対し、ある課題を与え、レポートの提出を求めてきましたが、その結果提出されたレポートの中に、いわゆる「コピー・アンド・ペースト」、略して「コピペ」という方法を使い、巧妙に作成されたレポートが少なからず存在したことを覚えています。ときとして、そうした不正行為の事例の中には、次のような事例もあります。

かなり前のことですが、ある学生が内容も文章も非常に優れたレポートを提出してきました。学部学生ではとても書けそうにない内容と文章であったため、不審に思った私は、いくつかのキーワードをもとにインターネット検索を行なったところ、見事にヒットし、ほとんど同一の文章にたどり着きました。それは、ある大学の学生が書いた小論文で、その学生のゼミ指導の先生のホームページに掲載されたものでした。

学生指導にたいへん熱心な先生が、指導学生の研究成果をまとめて公表しておきたいということだったようですが、ところがその直後、私はもっと驚くことに気づいたのです。インターネット検索をした際にヒットしたもう1つの項目を開いたとたん、ある大学の先生が書かれた論文が現われ、その中に上記学生の小論文と同じ内容・表現があったからです。上記のゼミ指導の先生は、指導学生の小論文が、すでに発表されているある大学教員の論文の単なる要約でしかなく、学生の研究成果としてホームページに掲載し、公表するに値するような論文ではない、ということをご存じなかっ

たようです。

　上記学生の小論文と同じように、〈コピペ〉という手段を使って作成し、提出してきた学生のレポートに対し、私が〈失格〉の評価を下したことは言うまでもありませんが、現在では、このようにインターネットを利用した不正行為が横行し、またそのことに関して罪悪感を抱かない学生たちが少なからず存在しているように思われます。学部学生のレポートに関しては失格といった評価で済むかも知れませんが、研究者の書く論文となると、そのようなことでは済まされません。

　社会科学の分野ではなく、自然科学の分野におけるできごとですが、数年前、世界的権威のある科学雑誌に掲載されたわが国の研究者の論文に改竄(かいざん)・盗用等の不正が見られるとして、そのことが大きな社会問題となったことを記憶している人も多いでしょう。あの事件の推移を垣間見ながら、当該の研究者が学部学生もしくは大学院生であった頃、指導教員から〈改竄・盗用といった行為は絶対やってはいけないことだ〉という教育を受ける機会がなぜなかったのか、不思議でなりませんでした。

　最近は、〈コピペ〉を見つけ出すためのソフトが多数開発され、〈コピペ〉で作成された論文やレポートを容易に発見することができるようになっているようですが、それはともかくとして、社会科学の分野における剽窃という行為は、先の自然科学の分野における改竄・盗用と同じ不正行為です。残念なことですが、自然科学の分野のみならず社会科学の分野においても、ときにそのような不正行為が発覚し、研究者としての資格が問われ、以後、研究生活を続けられなくなった人が存在します。そのことを、とりわけ研究者の道を志している大学院生の人たちは肝に銘じて置くべきです。

●論文には〈注〉がある

　他人の研究成果をあたかも自分の研究成果であるかのように見せかける剽窃という行為は許されないことですが、しかし、他人の研究成果を検討することは必要です。社会科学の研究においては、自分が取り上げたテーマに関わりのある研究成果や見解は、すでにいく人かの研究者によって示されているはずです。したがって、先にも述べたように、その先行研究を検討することから研究を開始するのが正道です。

　その検討作業を通じて得られた〈独自の知見〉を、筋道立てて述べていけば、論文の完成ですが、その際に、自分の考えを鮮明にし、自己の論理を補強・傍証するために、ときには先行研究の成果（文献）から一定の文章を引用する必要が生じます。その場合には、その引用部分を「　　」（かぎカッコ）で括って引用文であることを明確にし、しかも読者がその引用文の原典に当たってみることができるように、必ずその

出所・出典を注記しておかなければなりません。このような注記のほかに、論文にはたくさんの〈注〉が存在します。〈注〉の有る無しが、研究論文と評論の違いである、と言ってもよいかと思います。

●**習得した知識をまとめただけでは論文にならない**

　学部学生が提出してくる卒業論文の中には、多くの資料・文献に目を通し、あるテーマに関して、問題の核心であるとか、それに対する様々な見解などを大変うまく整理し、まとめ上げたものが少なからず存在します。利用した資料・文献など、出典も明記され、一見して立派な論文としての体裁を備えたものです。

　そうした卒業論文に出くわすたびに、私は〈この学生はよく勉強しているな〉と感じましたし、また、その勉学の努力を高く評価してあげたいとも思いましたが、しかし、それらの卒業論文に対して、私は、どうしてもあまり高い評価を与えることができませんでした。というのは、そうした卒業論文の多くが、言ってみれば、〈取り上げたテーマについて関心があるものの、これまでそのテーマについてはほとんど勉強してこなかったため、改めて勉強してみたところ、次のようなことが分かった〉という内容のものだったからです。言い換えれば、それは、いくつかの文献を通じて習得したあるテーマに関する知識をうまくまとめたものに過ぎず、そのテーマに関しての〈自らの見解〉とか〈新しい知見〉を論じたものではないからです。

　専門領域の勉強を始めて間もない学部学生の卒業論文の場合には、そのような内容のものであっても合格点をあげなくてはならないでしょうが、大学院に進んだ学生の修士論文がそのような内容であった場合には、合格点は危うい、と言わざるを得ません。というのも、そのような論文は、漸くそのテーマに関する研究の糸口にたどり着いた、という内容の論文だからです。斉藤＝西岡氏、新堀氏のいずれもが、すでに明らかにされている他人の説を無批判に繰り返したものとか、単なる文献の要約は論文ではない、と言われているのはそのことです。

　以上、〈研究論文とは言えないもの〉について触れてきましたが、研究論文とは言えないものを知ることによって、逆に、論文＝学術論文がどのようなものでなければならないのかが、少し分かってきたのではないでしょうか。

第Ⅱ章　論文作成の手順、研究テーマの設定、および文献の探索・収集

第1節　論文作成の手順

〈論文とは何か〉についてはある程度理解していただけたと思いますので、いよいよ論文を作成するための手順に移りたいと思います。

最終的に論文が完成するまで、決まり切った手順があるわけではありません。しかし、私自身の経験から言いますと、1本の論文を書き上げるまでにはある程度の手順があり、しかもその手順を飲み込んでおけば、初めて論文を書く人にとっても、論文を完成させるのが比較的容易になると思われます。

論文作成の手順について、新堀氏は、9つのステップを挙げておられますが（新堀 2002：29）、その手順はおよそ次の6つに集約できる、と私は考えています。

① 研究テーマの設定
② 文献の探索・収集
③ 先行研究の精査・検討と独自の知見の追究
④ 論文の全体構成と執筆テーマの限定
⑤ 論文の執筆
⑥ 論文の最終的な仕上げ

この6つの手順のうち、前半の3つは、論文執筆の前提となる研究活動に関するものです。これに対して、後半の3つは、論文の執筆に関する事柄です。

1本の論文を書こうとすると、論文の執筆段階においても、ときどき立ち止まり、さらなる先行研究の精査・検討作業を行なうなど、この①から⑥までの手順の間を〈行ったり来たり〉せざるをえなくなると思いますが、以下では、この流れに沿って、予め知っておくべきことについて触れておきたいと思います。

第2節　研究テーマの設定

●**最も関心のある問題を研究テーマに！**

　論文は、研究成果を論じたものですから、論文を作成するためには何らかの研究がなされなければなりません。また研究は、何らかのテーマのもとに進められるものであり、したがって、論文を作成するためには研究テーマの設定が必要です。

　大学院において修士論文、さらには博士論文を書こうとしている学生は、何らかの研究テーマを携え大学院に進んできているはずですから、研究テーマの設定はほぼ解決済みの問題ですが、卒業論文として初めて論文を書かなければならない学部学生の中には、〈研究テーマを何にすればよいのか〉と悩む者も多いように思います。そうした学生に対する私のアドバイスは、〈研究テーマについてそんなに悩む必要はない。大学に入ってからの専門的な教育を通じて一番興味を持った領域の中で、いま最も関心のある問題を取り上げて研究テーマとすればよい〉ということです。

　一例として、経済学部で学んでいる学生のことを考えてみましょう。経済学という学問分野には、様々な研究領域、問題領域が存在しています。経済学部に進んだ学生たちは、専門的な教育を通して様々な研究領域の基本的な事柄を学んでいくのですが、その過程の中で〈自分は金融の問題をもっと勉強してみたい〉とか、〈私は国際経済に関する問題、とくに貿易の問題に興味がある〉、さらには〈いや自分は世界の食料問題に関心があり、農業経済学の領域の勉強を深めたい〉というように、学生ひとりひとりの興味や関心は異なっていくはずです。同じ専門的教育を受けながら、興味や関心のある領域がひとりひとり分かれていくという点に、すでに学問研究の第一歩が始まっている、と言ってもよいのではないかと私は思っています。

　いずれにせよ、社会科学において研究対象とすることのできる問題は、われわれの周りに無数に存在しています。その中から、いま自分が最も関心を持っている問題、最も興味のある問題を研究テーマとすべきです。そうすることによって、研究そのものが楽しいものになっていくからです。

●**学問研究の出発点は〈疑いを持つこと〉である**

　最も関心のある問題を研究テーマとすると言っても、その場合に、忘れてはならないことがあります。それは、学問研究の原点、ともいうべき問題です。

　言うまでもないことかも知れませんが、社会科学、自然科学を問わず、学問研究の出発点は、社会現象、自然現象に対して〈疑いを持つこと〉です。社会科学の一分野

である経済学を例としていうならば、〈日本の財政赤字は年々拡大しているにもかかわらず、長期にわたってインフレが生じないのはなぜなのだろうか〉とか、あるいは〈食料自給率の向上策として今の政府が展開している政策は、少し的外れではないだろうか〉とか、さらには〈日本の社会は、半世紀前よりも豊かになったと思われるにもかかわらず、ホームレスと呼ばれる人たちが増えているのはなぜなのであろうか〉といった疑問が湧いてこなければ、学問研究は始まりません。

したがって、〈最も関心がある問題を研究テーマにすればよい〉と言っても、そのテーマとすべき問題はいろいろと疑問が湧いてくるという意味で興味のある対象でなければなりません。しかし、そういう意味で最も興味があり、関心のある問題に研究テーマを設定することができたならば、あとはそのテーマに沿ってさらに研究作業を進め、その研究作業を通して得られた成果を文章でもって論じていけばよいのですから、少々大げさかも知れませんが、「論文は半ば完成した」と言うことができるかもしれません。

第3節　文献の探索・収集

研究テーマが決まったならば、そのテーマに関する資料の収集が必要になります。資料にはいろいろなものがありますが、社会科学の研究では、統計資料なども含め、やはり文献がその中心をなすでしょう。

〈実験〉という方法をとることのできない社会科学の分野では、先学の研究成果である文献の検討こそがまず重要な研究作業であり、そのためには設定した研究テーマに関わりのある文献の探索と収集を可能な限り行なうことが必要です。

●**基本文献の手がかりが掴めないときは、指導教員に相談を**

研究テーマに関わりのある文献の探索・収集については、基本文献をまず入手することが必要ですが、その手がかりが掴めない場合は、指導教員に相談してみることです。テーマに即した基本文献の情報のいくつかは、おそらく指導教員から得ることができるはずで、そうして得られた情報をもとに、基本文献を入手することができれば、さらに文献探索の道が開けてくることになります。それは次のような方法です。

● 「芋づる式」文献探索・収集法の活用を

　文献探索・収集の効果的な方法は、自分の研究テーマに関する基本文献が何点か手に入った場合、その基本文献が利用している文献を追いかけ、入手するという方法、すなわち、古くから言われている「芋づる式」の文献探索・収集法の活用です。

　入手した基本文献には、必ず引用文献や参考文献が記載されています。それら文献のタイトルを見ながら、自分が設定したテーマに関連があると思われる文献をリストアップし、その後それらの文献を手に入れ、そうして得た文献に使われている引用文献や参考文献からさらに新たな文献を見つけだす、という方法を繰り返せば、文献探索の時間も節約でき、また容易に多くの文献を収集することができるはずです。長く伸びたサツマイモのつるをたぐっていくと、次々と芋が現われてくるのに似た、まさに「芋づる式」の文献探索・収集法です。

● インターネットを利用した文献探索・収集法

　かつては文献探索・収集法として、上記のような「芋づる式」が大変有効な方法でしたが、いまではもっと容易に文献を探索し、収集することが可能になっています。その方法とは、インターネットの活用です。

　自分が設定したテーマに関連するキーワードをインターネットに打ち込んで検索すると、多くのウェブ情報が現われますが、その中には、例えば、フリー百科事典「ウィキペディア（Wikipedia）」のような情報があります。「ウィキペディア」の解説の中には、そのキーワードに関連した問題についての参考文献が掲載されており、それを通じて利用可能な文献の情報を得ることができます。「ウィキペディア」はほんの一例で、自分が設定したテーマに関わりのあるウェブ情報は数え切れないほど存在しています。それらの情報の中から、必要と思われる文献をリストアップしていけば、容易に一覧できる文献目録の作成も可能です。

　必要な文献の入手に関しても、インターネットは大変便利です。必要な文献が単行本である場合、出版元に在庫があるとか、すでに〈絶版〉となっているとかの情報を容易に得ることができますし、また、すでに絶版になっている文献についても、インターネットを通じて比較的容易に入手することが可能になっています。

● 基本文献は〈身銭を切って〉入手する努力を

　指導教員から教えられた基本文献、さらには様々な方法で知り得た基本文献は、表現は悪いかも知れませんが、可能な限り〈身銭を切って〉入手すべきです。つまり、

基本文献は自分の所有物として手に入れることが肝要です。

〈本は図書館で借りればよい〉とか、また〈必要な資料はコピーすればよい〉と言う人もいますし、また経済的に厳しい学生生活を送っている中で、書物を買うだけの余裕がないと言う人もたくさんいます。にもかかわらず、基本文献は〈身銭を切って〉手に入れるべきだ、と私は思います。いつの時代であっても、学生は経済的に苦しいものです。経済的に苦しい中で何かを節約し、そのことを通じて手に入れた本は、図書館から借りてきた本とはまったく違うものです。〈身銭を切る〉という苦しみを伴って得た1冊の本には、無償で借り受けた本とは異なって、何よりも愛着が生まれるはずです。返却期限に煩わされることなく、いつでも開くことのできる〈自分の本を持つこと〉が、大学や大学院で学ぶ学生の基本姿勢であると思うからです。

経済学の古典をはじめ種々の理論書などには、一度目を通しただけでは理解し難く、繰り返し目を通す必要のあるもの、あるいはまた折に触れて参照する必要のあるものがあります。そのような必要を十分に満たしてくれる文献は、基本的に自分のものでなければならないでしょう。とくに、大学院に進んで研究者の道を突き進もうとする人は、〈自分の本を持つこと〉に対してより貪欲になって欲しい、と願っています。

●**文献資料の探索・入手の王道は、図書館を最大限に利用すること**

基本文献に関しては可能な限り〈自分の本を持つこと〉が必要ですが、論文の作成のために必要な文献資料のすべてを、自分の所有物として入手することは不可能です。

社会科学の研究で必要な文献資料には、単行本のみではなく、種々の学術雑誌に掲載された論文、さらには統計資料なども含まれるからです。

学術雑誌に掲載された論文や統計的データを得るための最も便利な方法は、言うまでもなく図書館の利用です。また、必要な文献がすでに絶版となっていて、しかも古書としても入手し難いような場合の問題も、図書館を利用することで解決することができます。いずれにせよ、図書館の利用なくして社会科学の研究を行なうことはほとんど不可能である、と言わざるを得ません。

大学図書館を利用することはもちろんのことですが、日本国内には国立国会図書館（東京都千代田区永田町）をはじめとして多くの大規模図書館があります。国立国会図書館は、わが国で一番大きな図書館です。国立国会図書館に関しては、「国立国会図書館法」によって定められた「納本制度」があり、その制度のもとで、日本で出版された書籍は必ず1部を国立国会図書館に納本しなければならない、という義務づけが発行者に課せられていますので、少なくとも第2次世界大戦後に出版された和書のほ

とんどは国立国会図書館にあると考えてよいでしょう。国立国会図書館には、東京の本館に加えて、京都府に関西館（京都府相楽郡精華町）が設けられています。

　知らない人も多いと思いますが、国立国会図書館には、『少年マガジン』『少年ジャンプ』といった漫画雑誌から多種多様な週刊誌・月刊誌、さらには地方新聞なども基本的に所蔵されています。私も国立国会図書館をときどき利用しますが、いつ出かけていっても卒業論文や学位論文を作成するために資料を探していると思われる学生がたくさん出入りしています。成人、および大学生以上の者は自由に利用することができます。国立国会図書館の書物は館外貸出ができませんが、コピー・サービスがありますので、必要な部分はコピーすることができます。

　また、近年、一定の手続きのもとに学外利用を認めている大学図書館が増えてきていますし、一般に開放している各種専門機関や団体などの図書館も、国内の随所にあります。それらも調べて利用すればよいと思います。

　さらに、大学図書館によっては、自らが保有していない図書を他大学の図書館から借り受けてくれるとか、あるいは保有していない学術雑誌に掲載されている論文のコピーを取り寄せてくれる、といったサービスを行なっているところもあります。必要な文献が、自分の大学の図書館に収蔵されていないからといって簡単に諦めるのではなく、そうしたサービスが受けられるかどうかを、図書館司書の方に相談してみることが肝要です。

● 文献目録を作成すること

　効率よく論文作成を進めるために、収集した文献やこれから収集しようと思う文献を整理した文献目録の作成を奨めます。かつては、文献カードを作成し、それをもって文献目録の代用とする、といったことが行なわれていましたが、現在では、パソコン・ソフトの Excel などを使って文献目録を作成するのが最適です。

　Excel の機能には、文献の並び替えを行なう機能が備わっていますので、次々と追加していった文献をもとに、五十音順、あるいはアルファベット順に著者名を並べた文献目録とか、発行年月順に並べた文献目録を、いつでも容易に作成することができます。また、文献ごとに、雑誌に掲載された論文と単行本との区分、収集済み文献と未収集文献との区分、さらには研究テーマの内容別区分などを示す記号を付しておけば、いつでもそれらの区分ごとの文献目録に編集し直すことも可能でしょう。

　また、そのようにして予め作っておいた文献目録は、論文作成の最終段階で引用文献・参考文献一覧を作成する場合にも役立つものと考えます。

第Ⅲ章　先行研究の精査・検討と独自の知見

第1節　先行研究の精査・検討

　テーマを設定し、それに関連する先行研究の成果である文献を集めると、いよいよその文献の精査・検討です。社会科学の分野においては、この文献の精査・検討こそが研究である、と言っても過言ではないのですが、その文献の精査・検討とはどういうことを言うのでしょうか。

●基本的な文献を選び出し、批判的に読むこと
　先行研究の精査・検討とは、集めた文献のうち基本的な文献であると思われるものを数点選び出し、それを精読することですが、その際に最も重要なことは〈批判的に読むこと〉です。多くの学生は、自分の知らない何か新しいことを得るために本や論文を読もうとしますが、これは単に新たな知識を身につけるという意味での読書であって、研究のための読書ではありません。
　私自身のことを少しお話ししましょう。私が、研究者のひとりとしてこれまで大学で過ごすことができたのは、大学時代にめぐり会えたひとりの恩師のおかげです。その先生は、日頃は大変穏やかな先生でしたが、こと学問となると大変厳しい先生でした。私が専攻してきた領域は経済学ですが、大学院へ進学すると同時に私はその恩師から研究の仕方を一から叩き込まれました。とくにその基本が本の読み方でした。
　「どんな大先生の書いた本であっても、1ページの中におかしいと思えるようなところが1カ所や2カ所はあるはずだ。それを見つけるつもりで本を読め」というのが、私が恩師から教わったことです。最初は、筆者の揚げ足をとるような読み方をなぜするのか、その真意がよく理解できなかったのですが、そのような本の読み方をしていくうちに、その意味が分かるようになってきました。徐々にですが、あるテーマに関する筆者の考えに対し、筆者とは少し異なった捉え方をすべきではないか、その方が現実の経済問題の核心をよりよく捉えることになるのではないか、といった自分自身の考え方が生まれてくるようになったからです。言ってみれば、このような自分

自身の考え方が、論文にとって必要な〈独自の知見〉になっていくのです。

前章第2節の「テーマ設定」のところで、学問研究の出発点は〈疑いを持つこと〉であると述べましたが、先行研究の精査・検討もまさにその精神で臨むことです。そうすることによって、あなた自身の考え方や意見が生まれてくるはずです。

先に取り上げた新堀氏の『評価される博士・修士・卒業論文の書き方・考え方』においても、先行研究を精査するということは、文献を「批判的に読むことである」（新堀 2002：42）とされていますし、その結果生まれてくる自分自身の意見に関して、「『独自の知見』とは、要するに、テーマについてのあなた自身の『自分の意見』に過ぎない」（同：43）とも述べられています。

第2節　独自かつ斬新な知見の追究

●独自の知見を探る方法

〈独自の知見を得る方法は、先行研究を批判的に読むことだ〉と言っても、どのように読めばよいのか分からない人もいると思います。そのような人には新堀氏が前掲書の中で紹介されている方法が役に立つかも知れません。

新堀氏は、文献を批判的に読むことを通して独自の意見を得るためには、次の2つの思考法を試して欲しいと言われています（新堀 2002：11-12）。その方法とは、1つが「反対思考法」、もう1つが「深化思考法」です。

前者の「反対思考法」とは、〈先行研究の結論はAであるが、それは間違いでBなのではないか〉と疑ってみるという方法です。それに対して、後者の「深化思考法」は、〈先行研究の結論はAであるが、しかしより深く研究してみると、本当はAAなのではないか〉というふうに考える方法です。

新堀氏が言われている「反対思考法」および「深化思考法」は、先行研究の批判的な精査・検討を通じて独自の知見を導き出すための基本的な思考方法であると言ってよいのですが、しかし、先行研究のAという結論に対して、Bという結論やAAという結論を導き出すことは、決して容易なことではありません。と言うのは、先行研究の結論を乗り越えて異なる結論（＝新しい知見）を導き出すためには、先行研究を精査・検討する者の側に、先行研究の結論の〈善し悪し〉を判断するための基準、言い換えれば先行研究を精査するための〈手段ないし用具〉が備わっていなければならないからです。

ここで言う〈手段ないし用具〉とは、突き詰めて言うならば、社会科学のそれぞれの分野で形成されてきている〈理論〉である、というふうに私は考えています。大学で社会科学を学び始めた学生は、講義やゼミなどを通じてそれぞれの分野における既成の理論を学んでいくのですが、しかし、卒業論文を書こうとする学部学生であるとか、大学院に進んだばかりの学生が身につけている理論はわずかであり、多くの先行研究を精査・検討し、新たな知見を導き出すに足るだけのレベルに達していない、と言っても言い過ぎではないでしょう。したがって、先行研究を乗り越え、新しい〈独自の知見〉を得るためには、先行研究を精査するための手段ないし用具としての理論の精度を高めていく必要がありますが、そのこともまた多くの先行研究を通じて自らが学び取る以外に方法はないように思います。

　このように述べてくると、先行研究を精査するために必要な確たる理論を持ち得ない者は、先行研究の成果である文献を批判的に読むことなど到底できない、ということになりそうですが、そうではありません。たとえ低いレベルの理論しか持ち得ていない者であっても、文献に目を通しながら、〈この筆者の主張に論理的な飛躍はないだろうか〉、〈結論を導き出すに当たって引き合いに出されている事例は、結論を支えるのに十分な事例であろうか〉、あるいはまた〈事実認識に誤りはないであろうか〉など、持ち得ている理論や知識をもとに考えつく疑問を絶えず文献に投げかけることによって、何らかの新しい知見が生まれてくるはずですし、また自らの持つ理論の精度も高まっていく、と考えられるからです。こうした思考作業が文献を批判的に読む、ということなのです。

●ユニークな視点から独自の知見を探る

　ところで、先に引用した新堀氏の論文の定義の中には、「何らかのユニークな視点から説得力のある自己の独創的意見を新しい知見として論理的に展開し……」という叙述があります（本書2ページ参照）。すでに述べてきたように、論文の核をなす部分は独創的で新しい知見、すなわち〈独自の知見〉ですが、その独自の知見を構成する一要素として〈ユニークな視点からの論理的な展開〉が付け加えられていることにも注目すべきです。

　社会科学においては、研究対象として取り上げた問題に対して多様な視点からのアプローチが可能ですし、また問題の解決ということを考えれば多様な視点からのアプローチが必要です。いま仮に、「WTO農業協定と日本の食料安全保障」というテーマのもとに研究を開始するとした場合、そのテーマに対するアプローチとしては、

WTO農業協定の成立が日本の稲作農業に与える影響を中心に日本の食料安全保障を検討することもできますし、WTO農業協定の成立によって農産物の貿易がより自由化され、より多くの国々から安価で多様な食料の供給が可能となっていく点から日本の食料安全保障を考えることも可能です。それから、日本国内の食料生産者の立場からこの問題を考えることもできますし、多くの消費者の立場からこの問題を論じていくことも必要でしょう。さらには、WTO農業協定が成立した直後の、1990年代後半の時点でこの問題を取り上げた場合と、WTO農業協定が成立してから20年余りを経た2010年代の後半の時点でこの問題を取り上げる場合とでは、日本の食料貿易の実態や日本の食料生産の状況に一定の変化が生じているはずであり、自ずとそのアプローチも異なっていくことになるでしょう。

　このように同じテーマを問題にするとしても、そのテーマに対しては多様なアプローチが考えられるのであって、そうしたアプローチを模索していく中で、先行研究では試みられなかったユニークな、しかも意義のあるアプローチを見つけ出すことができるかも知れません。そうしたユニークなアプローチから、改めて先行研究を検討していくならば、先行研究とは異なる新たな知見がまた導き出せるかも知れないのです。そのことは、社会科学の研究にとっては、先行研究の成果の上に新たな成果を付け加えることになるのであって、意味のある研究となるはずです。

　このように、ある問題を研究テーマに設定したとしても、そのテーマに対するユニークなアプローチないしは視点を追究するところにも、また〈独自の知見〉に近づいていく道が開けていることを知っておいて欲しいと思います。

第3節　フィールド調査と独自の知見

●社会科学における理論と現実

　ところで、社会科学の目的は、現実社会において生じている様々な現象の発生原因や現実社会の動きの底に横たわる法則を掴んでいくことにあります。経済学の分野で言えば、経済現象の背後に貫いている法則や原理を的確に掴むことにあります。しかし、目的はその点にとどまるものではありません。経済現象の背後にある法則や原理を的確に掴むことによって、直面する経済問題を解決するための対処策を提示し、ひいては人々の暮らしの向上と経済社会の安定・維持に寄与すること、この点にも経済学の目的があります。

経済現象の中に貫いている法則や原理の把握は、われわれを取り囲んでいる多様な経済現象を分析し、把握するための用具である経済学の理論の形成につながります。しかしその理論の妥当性は、永遠ではありません。なぜならば、人間の経済活動の結果である経済現象そのものが、日々刻々と変化しているからです。それゆえ、われわれは、絶えず理論の検証を行なう必要があります。しかし、自然科学のように〈実験〉という方法を通じて検証することができない社会科学にとって、その検証は、現実の経済現象に照らし合わせることを通じてその妥当性を問い質すという方法をとる以外にありません。

自分が最も関心のある問題領域に焦点を当て、当面の研究課題としてのテーマ設定が終わったならば、上述したようにまず先行研究の精査・検討という作業を行なうのですが、しかし、その先行研究の精査・検討という作業には、先行研究が掴んだ法則や原理をもとに展開されている理論や考え方の妥当性を、自らが取り上げようとする経済現象の観点から検証することも当然含まれます。そして、その検証を通じてもまた、先行研究とは異なる〈独自の知見〉が生まれてくる可能性が存在するのです。そのためには、現実をよりよく把握することがまた必要ですが、そのときに、しばしば取られる方法がフィールド調査です。

●フィールド調査の結果をまとめただけでは論文にならない

あるテーマに関する情報は、著書や論文をはじめとして、新聞、ＴＶ、政府機関による報告書、さらには最近ではインターネットといった多様なメディアを通じて得ることができます。しかし、それではやはり不十分であるとか、本当に伝えられているような状況になっているのだろうか、といった問題が当然生じてきます。フィールド調査は、そうした問題を解決するために行なうものです。

「百聞は一見にしかず」という古くからのことわざがあるように、間接的に情報を得ただけの場合と、実際に現場に足を運びその様子を見聞きした場合とでは、認識や理解の程度に大きな違いがあることは、旅行を考えてみるだけで十分納得しうることです。そのことと同じように、フィールド調査は、単に「ファクト・ファインディング（fact-finding）」という点にとどまらず、論文作成上、非常に重要な役割を果たすのですが、しかしその一方で、一個人ないしは数名で行なうフィールド調査は限られた対象・地域に関するものであり、その限られた調査結果だけでもって、設定したテーマに関する一般的な結論を導き出すことには無理がある、ということも認識しておく必要があります。

また、新堀氏が、先に紹介した著書の中で、「①単に統計・調査の結果を記録したもの、②単に事実の推移を記録したもの」は、「論文としての資格を持たない」と述べられていたように（本書3ページ参照）、フィールド調査の結果を単にまとめただけでは論文になり得ません。それは、〈独創的で新しい知見〉とは言い難いからです。

　フィールド調査が意味を持つのは、それによって得られた事実をもとに、先行研究が展開している考え方を検証し、その検討を通じて何らかの〈新しい知見〉、〈独自の知見〉が獲得される場合においてである、といってよいでしょう。フィールド調査をもとに論文を作成しようとする場合には、そのことを忘れないで欲しいと思います。

第Ⅳ章　執筆テーマの限定と論文の全体構成

第1節　論文の目標分量と執筆テーマの限定

●論文の目標分量を考えながら執筆テーマを絞り込むこと

　前章までで、社会科学の研究の進め方についてはほぼ理解していただけたと思いますので、いよいよその研究作業を通じて得られた成果を述べていく段階、すなわち論文執筆に係わる事柄へと話を移していくこととします。

　論文の執筆に当たってまず心掛けなくてはならないことは、それまで進めてきた研究作業全体を見渡しながら、当初の研究テーマをそのまま論文の執筆テーマとすることが望ましいかどうかを、いま一度検討し直すことです。

　卒業論文の指導をする過程で、学部学生に対して、卒業論文の執筆テーマを設定し、そのうえでそのテーマに沿って展開しようとする内容を〈章立て〉の形で示した簡略な執筆プランの提出を求めると、例えば、次のような内容のプランを提出してくる学生がみられます。

論文題目：経済のグローバル化と世界の食料問題
　　第1章 …… 課題と問題意識
　　第2章 …… 経済のグローバル化と農業貿易の自由化
　　第3章 …… ウルグアイ・ラウンド農業合意とWTOの成立
　　第4章 …… WTO農業協定と開発途上国の食料問題
　　第5章 …… WTO農業協定と日本の食料安全保障
　　第6章 …… 結　語

　このプランが、今日、急速に進展する経済のグローバル化という動きと、人類全体の課題でもある食料問題というきわめて重要な問題とを関連づけた、大変意味のある

論文プランである、ということはよく分かります。また、現代世界が抱える重要な問題に積極的に立ち向かおうとする問題意識も十分読みとれますし、その問題意識もすばらしいと思います。にもかかわらず、こうしたプランを受け取るたびに、内容の濃い卒業論文を書き上げるためのプランとしては少々無理があるのではないか、と私は考えてしまいます。

　というのは、こうしたプランを前にすると、〈この学生は卒業論文としてどれぐらいの分量を想定しているのであろうか〉という疑問がまず湧いてくるからです。1冊の本を書くというのであればまだしも、学部の学生が書く卒業論文、あるいは大学院に進んだ学生の書く修士論文などの分量（執筆文字数）は自ずと限られています。仮に、400字詰め原稿用紙で換算して約100枚（執筆文字数約4万字）が卒業論文の目標分量であるとすると（学部学生の卒業論文の分量としては、それで十分だと私は考えています）、上記のプランでの各章の執筆分量は400字詰め原稿用紙でおよそ20枚ほどであり、各章で展開される研究・考察内容は非常に乏しいものにならざるを得ません。結果として、論文全体の分量は十分であっても、内容的にはほとんど評価されない論文、ということになってしまうはずです。つまり、考察する対象を狭くしないと考察自体が非常に浅いものとなり、論文とは言えないものになってしまうのです。

　上記のプランの標題にある「経済のグローバル化と世界の食料問題」というテーマは、論文の執筆テーマというよりも、むしろ研究テーマであると言うべきものです。どのような研究を開始するにしても、当初からその研究の成果や、最終的に書き上げる論文の中身までを的確に見越して研究を開始するということは不可能です。したがって、当初の研究テーマは、ごく大まかなテーマないしは間口の広いテーマにならざるを得ません。

　しかし、そうしたテーマのもとに研究を進めていくとしても、ある段階から自ずと最終的にまとめ上げる論文の内容とか、論文の目標分量について考えざるを得なくなり、やがて限られた執筆分量の中で、中身の濃い論文を作成しようとすると、自ずと執筆テーマをより限られた問題へと絞り込んで行くという方法をとらざるを得なくなるのです。つまり、最終的な論文の執筆テーマを確定していくときに心掛けるべきことは、〈論文の目標分量を考えながら執筆テーマを絞り込むこと〉です。

　論文の目標分量を見きわめて、それにふさわしいできるだけ限定したテーマに設定し直すことが、中身の濃い論文に近づく方法ですが、上記の例でいえば、第4章にみられる「WTO農業協定と開発途上国の食料問題」というテーマ、あるいは第5章の「WTO農業協定と日本の食料安全保障」というテーマは、それだけで十分に卒業論文

のテーマとなり得ますし、そのテーマのもとにさらに絞り込んだ内容の〈章立て〉を行ない、それに従って考察を加えていくならば、非常に中身の濃い論文になっていくはずです。また、取り上げ方次第では、これら2つのテーマは、大学院に進んだ学生の修士論文のテーマにも十分なり得る、と言ってよいでしょう。

●マクロの問題を意識しながら執筆テーマの限定を
　〈より限定した執筆テーマの設定を〉とはいえ、設定したテーマとそのテーマの背後に広がっているより大きな問題との関係を意識することは必要です。それは、限定されたテーマのもとに進められた多くの個別研究の全体が、総和として現代社会が抱える問題の解決に寄与していくという役割を持っているからです。

　ことわざに「木を見て森を見ず」（このことわざのもとは、英語での"You cannot see the wood for the trees."）というのがありますが、あまりにも小さな問題にテーマを限定しすぎて、逆に、何のためにそのような問題を取り上げているのかがよく分からない、といった論文になってしまっても困ります。私が大学院の学生であった頃、恩師から、「木を見て森を見ず」ということわざを引きながら、〈たとえ限定した問題を当面のテーマとしなければならないにしても、それが社会全体のどのような問題に関わっているのかを絶えず認識しておくように〉とアドバイスされたことを思い出します。

　執筆テーマを絞り込んでしまうと、確かに、執筆する論文の内容と、本来、自分が関心を持っていたより大きな問題との関わりが分かりにくくなってしまう可能性が出てきますが、しかし、その点について心配する必要はありません。というのは、次節で取り上げる事柄ですが、「序論」と呼ばれる論文の書出し部分において、限定したテーマのもとに書き進もうとする論文の内容と、その背後にあるより大きな問題との関連を論じておくことができるからです。

第2節　論文の全体構成と章別構成

●論文の全体構成
　論文は、研究を通じて得られた研究成果を論理的に述べていくものですが、その論述の仕方にはある程度定まった形式があります。まず、論文全体の構成はどのようになっているのか、その点を説明しておきましょう。

論文全体は、大きく3つの部分から構成されます。序論に始まり、そして本論、最後が結論です。

① 序　論

　序論部分は、選んだテーマに関しての問題意識や研究方法、分析の仕方などを簡潔に述べるところです。とくに序論では、問題を絞り込んで設定したテーマとその背後にあるより大きな問題との関連を論じながら、自分の問題意識を明確にしておくことが必要です。

　ここでいう〈問題意識〉とは、〈自分が選んだテーマに関して、先行研究はいまだ納得のいく説明をしていないため、自らその事柄を取り上げて、納得できる説明を試みようとする意気込み〉のことです。ですから、選んだテーマに関して、いまだ先行研究は納得できるような説明を与えてくれていない、という問題状況があり、そうした問題状況を簡潔に論じ、本論部分においてその課題に挑む姿勢を明確にしておくことが、序論の役割であるとも言えます。

　序論はまた、読者の側からすると、その論文を最後まで読み続けるか否かの判断を下す部分でもあります。したがって、序論の分量にはとくに決まりはありませんが、あまり冗長にならず、簡潔に課題や問題意識を論じ、読者に興味を持たせ、論文を最後まで読み続けようとする気持ちを持たせることが必要です。

② 本　論

　本論部分は、論文の中核をなす部分であり、自分の研究の内容を論じ、結論に至るまでの論理を組み立て、論証するところです。1つの論文において、最も多くのスペースを割く部分です。分量に決まりはありませんが、論文全体の80％くらいの分量で本論を仕上げるつもりで、その章別構成を考えればよいと思います。論文全体の長さにもよりますが、卒業論文の場合、3〜4章くらいの章別構成で十分です。

　本論部分の章別構成、論述形式に特別の決まりはありませんが、設定した研究テーマに対して多面的な考察・検討を加えることによって得られた何らかの〈独自の知見〉について、その獲得に至るまでのプロセスをいま一度整理し、論理的に述べていくことがその重要な中身になります。より具体的に言えば、いくつかの視点から考察・検討を加えていったそのプロセスを、視点ごとに整理し、それを章別に論じていくのがこの本論部分であると言ってよいでしょう。

③ 結　論

結論部分は、設定したテーマに対して本論で考察を加え、その結果得られた結論を総括して述べるところです。したがって、序論部分と同じく、短く簡潔なものでよいと思いますが、研究を進める中で、十分に論証されずに残ってしまった課題であるとか、あるいは新たに生まれてきた課題などを明らかにしておくのも、この部分においてです。

分量に決まりはありませんが、論文全体の80％くらいを本論部分に充てるとすると、残りは20％ほどですから、序論部分と結論部分は、それぞれ全体の10％ほどの分量でまとめ上げるつもりで書き進めばよいと思います。

●論文の章別構成とその形式

論文全体の構成について、もう少し具体的に述べておきましょう。

単行本では「第１篇　○○○○○」、「第２篇　○○○○○」といった篇別構成、あるいはまた「第Ⅰ部　○○○○○」、「第Ⅱ部　○○○○○」といった構成が取られているものがあります。しかし、学術論文においてこのような篇や部を設けるのは大論文の場合であって、400字詰め原稿用紙換算で200枚くらいまでの論文では、第１章、第２章、……という章別構成で十分です。

卒業論文ないしは修士論文を想定した場合の章別構成としては、序論部分と結論部分をそれぞれ独立した１つの章とし、本論部分に３〜４章を設けるという形が一般的です。その場合、章のナンバーを序論部分から「第１章　○○○○○」とし、以降、結論部分まで順次ナンバーを振っていく方法と、序論部分は「序章　○○○○○」、結論部分は「終章　○○○○○」とし、本論部分のみに第１章、第２章、……という形で章のナンバーを振る方法とがあります。しかし、これは好みの問題で、いずれの方法でも構いません。

ところで、通常、１つの章はいくつかの節によって構成されることになると思いますが、最近は、第１節、第２節、……といった形ではなく、章以下の項目については、単に、「１．○○○○○」、「２．○○○○○」……と分けて論じていく場合が増えてきているように思います（もちろん、このガイドブックのように、第１節、第２節、第３節、……という形であっても構いません）。

さらに節以下の小さな項目を設けるときは、「（１）○○○○○」、「（２）○○○○○」、……というように、記号を変えた見出しをつければよいでしょう。

なお、卒業論文、修士論文、博士論文の場合にはもちろんのこと、多くの学術雑誌

などに掲載される予定の論文では、論文末尾に、その論文の作成に当たって引用・参照した文献の一覧を付しておくことが必要です。

　以上のことを少し整理し、図示しておきますと、およそ以下に見られるような形になります。

〈章別構成の見本〉

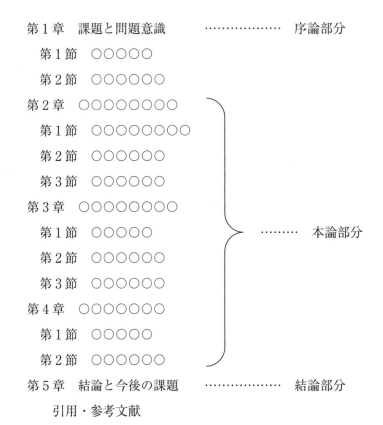

第Ⅴ章　論文執筆に関する諸技法

　論文の章別構成が決まったら、いよいよ、論文の執筆開始です。論文の執筆は章別構成に沿って進めるのが普通でしょうが、しかし、必ずしも論文の章別構成順でなくても構いません。序論から書かなければいけないと思っている人が多いでしょうが、実際のところ、本論や結論を書いた後に序論を書くという人もいるのです。また、序論から順に書いていっても、最後に序論を書き直したほうがよいということもしばしば起きることです。

　ところで、「論文」と言うと、中には、何やら難解な文字や文章を羅列しなければ論文らしくない、と思っている人がいますが、そうではありません。論文にとって肝心なことは、研究成果や自分の考えを読者に的確に伝えていくことです。もちろん、論文ですから、論理的で筋道の立った叙述でなければなりませんが、しかし、理解のしやすい、できるだけ平易な文章表現が望ましいのです。ただし、論文の執筆に関しては、長年にわたって工夫されてきた論文の書き方、言い換えれば、論文の執筆に固有な技法が存在していますので、その技法については予め知っておく必要があります。この章では、初めて論文を書くという人を念頭に置きながら、論文を書くために最低限知っておかなければならない諸技法について、説明していきたいと思います。

第1節　書式スタイルの設定

●定まった文字数（マス目）の原稿用紙が存在するのはなぜか

　現在では、パソコンとワープロ・ソフトが普及してきているため、原稿用紙を使って論文を書くということはほとんど行なわれなくなっていますが、かつての論文は原稿用紙を使った手書きのものでした。手書きされる場合の原稿用紙としては、200字詰め、400字詰めなど、ある定まった文字数（マス目）のものが使われるのですが、なぜそのように定まった文字数の原稿用紙が存在するのか、ご存じでしょうか。

　その理由は、書かれた原稿全体の文字総数を迅速に計算する必要があるからです。

そもそも原稿を書くことの目的は、最終的にそれを印刷物として公表していくところにあるのですが、その場合、印刷物の紙面構成上、原稿全体の文字分量を把握する必要があります。

例えば、出来上がったある原稿をもとに1冊の単行本を作ろうとするとき、その本の制作を担当する編集者は、原稿の文字総数を勘案しながら本文1ページ当たりの行数や文字数を決め、しかもその本のページ数が16の倍数（ないしは32の倍数）にほぼ収まるような工夫を施す必要があるのです。というのは、出版社や印刷会社に関わりのあるような人を除いてはほとんど知られていないことですが、通常、単行本の場合には、16ページ分（ないしは32ページ分）を一まとめとし、それを一度に印刷するという方法が取られているからです。

そうした方法を取ることによって、印刷用紙の無駄や製本作業の非効率を防ぎ、本の単価の引下げが図られているのですが、しかし、なぜ16ページ分を一まとめに印刷するのか、まだよく分からないことがあるでしょうから、その点についてもう少し説明しておきましょう。

単行本のサイズに〈Ａ５判〉とか〈Ｂ６判〉と呼ばれるサイズがあることはご存じでしょう。これは本文を印刷する紙として、JIS（日本工業規格）によって規格が定められたA判の紙、B判の紙がそれぞれ使われ、最終的に1ページの紙面の大きさがＡ５、Ｂ６のサイズになっていることを示しています。A判の紙、B判の紙と言っても、それぞれいくつものサイズが存在します。ワープロで作成した文書を印刷するときに用いるＡ４とか、Ｂ５という用紙は、そのサイズの1つです。

紙のサイズは、A判の場合は大きい方からＡ０、Ａ１、Ａ２、Ａ３、Ａ４、……というふうに、B判の場合も大きい方からＢ０、Ｂ１、Ｂ２、Ｂ３、Ｂ４、……というふうに、それぞれ10種類の規格が定められていますが、このA判、B判の紙に関してはすばらしい設計がなされています。A判の紙で説明しますが、Ａ０の紙を半分に折り畳んだ紙のサイズがＡ１、Ａ１の紙を半分に折り畳んだ紙のサイズがＡ２、さらにそれを半分に折り畳んだサイズがＡ３という関係になっていて、しかもＡ０、Ａ１、Ａ２、Ａ３、Ａ４、……と続く紙のサイズの縦横比率は、どこまで半分に折り畳んでもまったく変わらない比率関係（これを「白銀比」と呼ぶそうです）になるよう設計されているのです。

そのことを理解していただいたうえで、話をもとの本の印刷へと戻しましょう。上記のような紙のサイズ規格からすると、Ａ２サイズの紙の大きさはＡ５サイズの８倍の大きさになります。このＡ２サイズの紙の裏表に、Ａ５サイズに収まる1ページず

つの文字紙面を片面8ページ分、裏表合わせて16ページ分印刷し、3回折り畳むと、A5判の本の16ページ分の印刷を一まとめに終えることができます（A1サイズの紙の裏表に、それぞれ16ページ分を印刷し、4回折り畳むと、A5判の本の32ページ分の印刷を一度に終えることにもなります）。

　この16ページ分を〈折丁〉と言うのですが、もうお分かりでしょう。1冊の本を作る場合に生じる無駄や非効率を省くため、この〈折丁〉の倍数に原稿全体がうまく収まるように各ページの行数や文字数を決めていくということが行なわれます。そうした作業のために、原稿全体の文字分量を把握することが必要になるのです。

●ワープロ原稿の場合にはページ設定が必要

　現在では、原稿用紙を使った原稿に代わってワープロで作成された原稿が求められるようになってきていますが、最終的に単行本、もしくは学術雑誌に掲載される論文の場合には、すでに述べたように文字総数の計算が必要になります。投稿論文などの場合、投稿規定の中に〈A4の用紙に、1行○○文字×1ページ○○行の要領で打ち込むこと〉といった指定がなされていることがありますが、それも全体の文字総数を容易に計算するための指定です。したがって、その指定に沿ってページ設定を行ない、論文全体をそのスタイルで統一しなければなりません。

　とくに指定がない場合には、用紙の大きさや、1ページの行数、1行当たりの文字数、本文の文字の大きさを自分で決めればよいのですが、用紙に関しては、現在、A4が一般的でしょう。また、1ページ当たりの行数、文字数の設定には、かなり自由度がありますが、やはり1ページ当たりの文字数は1000字とか、1200字というように、論文全体の文字総数が容易に把握できるよう、区切りのよい数に設定すべきだと思います。

　社会科学の論文の場合、タテ組み（タテ書き）にすることも可能ですが、数字・英文等の記載が必要となることを考えると、現在ではヨコ組み（ヨコ書き）が望ましいと考えられます。以下では、ヨコ組みを前提として説明していくこととしますが、以上のことを念頭に置き、ごく基本的なページ設定を示しておくならば、およそ次のようになります。

〈ページ設定の一例〉

　＊文字組み………………………ヨコ組み（数字・英文等の表記を考えるとヨコ組みが望ましい）

```
＊用紙 ……………………… Ａ４（いずれもタテ長で使用する）
＊１ページの行数 ……………… 30行
＊１行の文字数 ………………… 40字
＊１ページの文字数 …………… 1200字
＊文字サイズ …………………… 10〜11ポイント
＊本文書体（フォント）………… ＭＳ明朝体
＊英数字用書体（フォント）…… Times New Roman
```

●章・節のタイトル表記の設定

　本文を書き始める際に、まず章のタイトルや節のタイトルを付けなければなりませんが、その場合にも、タイトル文字の書体・ポイント、さらにはタイトルの位置（左寄せにするか、中央にするか）などの表記スタイルを決め、論文全体をそのスタイルで統一していくことが必要です。そのときに注意すべきことは、以下のとおりです。

　＊章・節のタイトル文字は、本文の文字よりも少し大き目のポイントにすること（明確に区別させるときには、さらに異なる書体の文字を用いること）。
　＊章のタイトルの前後を、少なくとも１行ずつアケルこと。
　＊節のタイトルも１行分取り、また改行すること。
　＊新しい章を書き始める場合は、前の章の末尾に余裕のスペースがあってもページを改め（改ページ）、次ページの冒頭に新しい章のタイトルを付し、本文を書き始めること。

　章・節のタイトル表記に決まり切った形があるわけではありません。章や節という区切りをつけて、論じていく内容が新しいものに変わっていることを読者に明確に伝えることができればよいのであって、そのため、視覚的にもそのことがよく分かるように、章・節のタイトルの文字ポイントを本文の文字ポイントよりも少し大きくするとか、あるいは本文で使用している文字の書体とは異なる書体を用いるとか、さらには章が変わる場合には、〈改ページ〉として新しいページから書き始めるなどの工夫がなされるのです。
　ところで、ひとたび章・節の表記スタイルを決めたならば、論文全体をそのスタイルで統一していくことが必要であると言いましたが、それは、章や節によってその表記スタイルが異なっているのは見苦しいばかりでなく、筆者の物事に対する注意力の

なさを印象づけることにもなりかねないからです。

　以上のような注意事項を踏まえて、序論の冒頭のページ組み見本を示しておけば、以下のようになります。

〈ページ組みの見本〉

第1章　課題と問題意識

　1　**課題の設定**　（改行）

　〇〇〇。（改行）

　〇〇〇。〇〇〇〇〇〇〇〇〇〇〇〇〇〇〇〇〇〇〇〇〇〇〇〇〇〇〇〇〇〇。（改行）

（1行アケル）

　2　**問題意識**（改行）

　〇〇。（改行）

　〇〇

－ 1 －

第2節　文章表現に関する基本的注意事項

●論文の文体は、「である」調が基本

　書式スタイルが決まれば、いよいよ本文の執筆です。その本文の執筆に当たって注意すべき基本的事項について触れていくことにします。まずは、論文の文体についてです。

　日本語の文体は、周知のように、「だ」「である」などの〈常体〉と呼ばれる普通の口語の文体と、「です」「ます」などの丁寧の意を表わす〈敬体〉の文体とに大きく分けられます。

　文章を書く場合には、「だ・である」調と「です・ます」調とのいずれを用いても構いませんが（ちなみに、このガイドブックは「です・ます」調で書かれています）、それらを混ぜて用いると、文章の調子に統一性がなくなると同時に、調子のはずれた読みづらい文章になってしまいます。したがって、いずれかの文体に統一することが必要ですが、論文の場合、一般に〈常体〉と呼ばれる文体、とくに「である」調を用いるのが基本です。

　論文の場合、なぜ〈常体〉の「である」調が使われるのかというと、研究成果を発表するに当たって、〈敬体〉の少し回りくどい、丁寧な表現は、かえって主張すべき内容・意見を曖昧にするおそれがあるからです。したがって、研究成果を読者に明確に伝えるためには、少し断定的な表現となる〈常体〉の「である」調の方が望ましいと考えられるのです。

●美文調ではなく、平易で簡潔な文章を心掛けること

　社会科学の論文を書く場合──人文科学や自然科学の場合でも同じでしょうが──、研究成果を論じていく文体・文章として、美辞麗句を使った、いわゆる「美文調」と呼ばれるような文体・文章は不要です。

　すでに述べたように、論文にとって最も重要なことは、読者に研究成果を的確に伝えることですから、そのためには理解しやすい平易で簡潔な文章であるように努めることが肝要です。とはいえ、その理解しやすく、平易で簡潔な文章を書くことは、言われるほど容易なことではありません。やはり、理解しやすい平易な文章を書く技能を身に付けるためには、先人の多くの優れた文章に目を通し、少しずつ学び取っていく以外に方法はないのかも知れません。しかし、いま論文を書こうとしている人が、理解しやすい平易な文章を書くためにはどのようなことに注意すればよいのか悩んで

いるというのであれば、書き始める前に、是非とも本多勝一氏の『〈新版〉日本語の作文技術』（朝日新聞出版、2015年）の第2章と第3章を読み終えてから、論文を書き始めて欲しいと思います。

　なぜ本多氏の著作の第2章と第3章を紹介するのかというと、この2つの章において本多氏が、「わかりにくい文章」の代表例として「修飾する語と修飾される語との関係がよくわからない文章」を取り上げ、その理由について実例をあげながら詳しく解説されているからです。私もこれまで、多くのレポートや卒業論文、修士論文等に目を通してきましたが、そうした中で、やはり〈修飾する語がいったいどの語を修飾しているのかがよくわからない表現〉が、理解しにくい文章ないしは誤解を招く表現の代表例であったように思うからです。

　〈修飾する語がいったいどの語を修飾しているのかがよくわからない表現〉の一例は、次のような文章です。

「GATTは、1944年のブレトンウッズ会議で設立され、第2次世界大戦後のパックス・アメリカーナを支える重要な柱となったIMF、世界銀行と並んで、第2次世界大戦後の世界経済に重要な役割を果たした。」

　GATT（関税と貿易に関する一般協定）やIMF（国際通貨基金）、世界銀行についての知識をある程度持っている人にとっては、この文章は理解し難い文章ではないでしょうが、しかし、読み始めたとき、やはり戸惑いを感じるでしょう。また、GATTやIMF、世界銀行についての知識を持っていない人は、この文章からGATTについて誤った知識を得ることになるかも知れません。というのは、「……1944年のブレトンウッズ会議で設立され、……」という句が、どの語を修飾しているのかが明確でないからです。

　GATTについての知識を持たない人は、この一文を読んで、〈GATTは1944年のブレトンウッズ会議で設立されたのだ〉と理解するかも知れません。しかし、事実は違います。GATTが誕生したのは1947年のことで、「1944年のブレトンウッズ会議で設立され」たのは、「IMF、世界銀行」です。

　この文章の、主語である「GATT」と、述語の「重要な役割を果たした」とは互いに修飾し合う関係にあるのですが、その位置がこの例文では離れすぎているところに誤解を招く原因があります。したがって、主語の「GATT」の位置を述語に近づけ、「1944年のブレトンウッズ会議で設立され、第2次世界大戦後のパックス・アメ

リカーナを支える重要な柱となったIMF、世界銀行と並んで、GATTは、第2次世界大戦後の世界経済に重要な役割を果たした」と修正すれば、そうした誤解を避けることになります。

　1つの文章とはいえ、そこにはいくつもの修飾語・被修飾語の関係が存在しています。その関係が複雑になると、読みにくい、理解しがたい文章になるおそれがあります。それを避ける方法の1つは、〈修飾語は、できるだけ被修飾語の近くに置く〉ということでしょう。と同時に、回りくどい長文でなく、〈できるだけ簡潔な文章を書く〉という姿勢が、理解しやすい文章を書くことにつながるようにも思います。

● **文章は適度に改行し、各パラグラフの冒頭は1字分下げること**
　ところで、学部学生の卒業論文や大学院生の論文を読んでいると、ときどき段落の非常に少ない文章、例えば、ワープロで作成された原稿で、改行が1ページに1回ほどしかない文章に出くわすことがあります。そのような論文を読んでいると、本当に疲れてきます。というのは、書かれている内容がスムーズに頭の中に入って来てくれないからです。

　段落（＝改行）の重要性についても本多氏が前掲書の中で、「段落はかなりのまとまった思想表現の単位であることを意味する」（本多 2015：239）、「段落のいいかげんな文章は、……欠陥文章といわなければならぬ。改行はそれほど重要な意味を持っている」（同：240）と論じられています。私も改行によって区切られたそれぞれの段落は、筆者の考えを全体としてうまく表現していくための個々の要素である、というふうに考えていますので、この本多氏の主張に同感です。

　本多氏は、1章全体が改行のない、たった1つのパラグラフからなる小説の事例を紹介しながら、ときには何ページにもわたって改行のない文章があり得るとされていますが（同：242）、しかしそれは、小説というジャンルにおける特殊な事例です。社会科学の論文においては、内容をきちんと理解して貰うためにできるだけ読者に分かりやすい表現を用いること、読みやすい表現スタイルをとることが基本です。

　私たちは物事を分かりやすく整理するときに、しばしば〈箇条書き〉というスタイルをとることがありますが、文章も同じことです。したがって文章は適度に改行し、一定の内容を比較的短いパラグラフにまとめ、それをうまくつなぎ合わせながら全体として的確に主張したいことを表現していく、という工夫が必要です。

　また、改行後の書出し部分、すなわちパラグラフの冒頭は、必ず1字分下げた位置から書き始めなければなりません。この点については、小学校の段階で作文を書く場

合に教えられている事柄ですが、にもかかわらず、あえて注意をうながしているのは、近年、学部学生から提出されたレポートに、書出しの冒頭部分も、また改行後の書出しの冒頭部分も1字分下げることなく書き始めている者が少なからずみられるからです。

　そのようなレポートも、先ほどの改行の少ない論文と同じく、大変読みづらいレポートだといわざるを得ません。そうしたレポートが多くみられるのは、改行後の書出しを1字分下げて開始することの意味がきちんと理解されていないためだと思われます。改行後の書出しを1字分下げて開始するのは、視覚的にパラグラフとしての文章の区切りを明確にし、読者に内容をよりよく理解してもらうためのものです。そのことを再認識しておいて欲しいと思います。

●少なくとも国語辞典を傍らに置いておくこと

　論文を執筆するときに不可欠なものは、辞典です。中でもまず傍らに置いておくべきものは〈国語辞典〉でしょう。

　最近はほとんどの論文がワープロによって書かれ、しかも最近のワープロ・ソフトは非常に進化していて、その多くが辞書機能を備えているため、論文を書くために国語辞典など必要ないと考えている人も多いように思われますが、しかし、ワープロで書かれた原稿や論文を読んでいると、意外と誤字が多いのです。

　日本語には同音異義語が多く、そのためワープロの転換ミスがしばしば見られます。もちろんその多くが単純な転換ミスですが、しかし中にはきちんとした言葉の意味を知らないために、ミスに気づかない場合もしばしば見受けられます。例えば、何かモノを作るときの表現である「せいさく」について、「製作」と書くべきところを「制作」と書いたり、また「意思表示」と表現すべきところが「意志表示」となっていたり、あるいは「人事異動」と表現すべきところが「人事移動」となっている、といったことがそれです。したがって、少しでも自信のない語に関しては、絶えず国語辞典で確認するという姿勢が必要です。

●「異字同訓」の漢字の使い分けに注意を払うこと

　さらには、日本語には「異字同訓」といって、異なる漢字であるが、意味が近く、訓で読む場合に同じ音になるものがたくさんあり、その使い分けに困る場合があります。

　例えば、「表す・現す・著す」とか、「変える・換える・替える・代える」「越え

る・超える」などがそれです。学生から提出されたレポート、卒業論文、さらには修士論文等を読んでいるときに、「著す」と書くべきところの表記が「表す」となっているとか、「越える」と書くべきところが「超える」となっている、というケースにしばしば出くわしたことを覚えています。私自身、いまでも異字同訓の漢字の使い方に迷うことがあります。いずれの漢字を使うべきか、と迷ったときによりどころとなるのは、やはり辞典です。

　「異字同訓」の漢字の使い分けに関しては、国語辞典も役に立ちますが、より便利な辞典は〈用字辞典〉でしょう。用字辞典は、いくつもの出版社からいろいろと工夫されたものが刊行されていますので、その中から適当な１冊を入手し、国語辞典とともに傍らに置いておくべきです。論文を書くためだけではなく、レポートを書く場合であるとか、さらには社会人となったときにきちんとした文書を書くために欠かせない辞典であると思います。

　ところで、この「異字同訓」の漢字の使い分けに関しては、現在、「文化審議会国語分科会」によってまとめられ、2014（平成26）年に提示された報告書「『異字同訓』漢字の使い分け例」が１つの指針となっています。これは、かつての指針であった「『異字同訓』の漢字の用法」（「国語審議会漢字部会総会」参考資料。1972年提示）をもとに検討を加え、新たに常用漢字表に掲げられている同訓字のうち、133項目にわたる「異字同訓」の漢字の使い分け例を示したものです。

　その報告書で示された用法例は、「異字同訓」の漢字のすべてを網羅したものではありませんが、使い分けに困る頻度が高いと思われる「異字同訓」の漢字の用法例が示されていますので、このガイドブックでは末尾に〈付録１〉として掲載し、便宜を図ることとしました。「異字同訓」の漢字の使い分けに困ったときは、国語辞典や用字辞典と並んでこの付録の用法例も活用していただければと思います。

第３節　文章表現に関する各種の表記基準

（１）「送り仮名の付け方」基準──「単独の語」と「複合の語」──

　日本語は、通常、〈漢字〉と〈ひら仮名〉の組合せで文章表現を行なっていますが、そうした中で、動詞・形容詞・形容動詞のような活用のある語（語尾が変化する語）であるとか、活用がない語であっても漢字のみではうまく表現できない語などに〈送り仮名〉を付けて、より明確な表現を行なうように努めてきています。

また、複数の語を結びつけて作られた、「複合の語」と呼ばれる動詞や名詞なども存在し、その複合語に関しても必要な限りで〈送り仮名〉を付し、明確な表現に努めています。

　その送り仮名の付け方については、1972（昭和47）年の「国語審議会総会」によって答申が行なわれ、1973年6月に内閣告示された「送り仮名の付け方」という基準が存在し、今日に至っています（1981年、および2010年に一部改正）。その送り仮名の基準には、ある程度の許容も含まれていますが、基本的な事柄が定められていますので、きちんとした文章表現を行なうためには、この送り仮名の基準をある程度知っておかなければなりません。そこで、内閣告示された現行の「送り仮名の付け方」についても、このガイドブックの末尾に〈付録2〉として掲載しておくこととしました。

　内閣告示による「送り仮名の付け方」では、「単独の語」「複合の語」、そして「付表の語」と大きく3つに分け、また、「単独の語」および「複合の語」については、さらに「活用のある語」と「活用のない語」に区分し、送り仮名の付け方の基準が示されています。上記の区分のうち、「付表の語」というのは「常用漢字表」の「付表」に掲げてある語のうち、送り仮名の付け方が問題となる十数語の用例を示したものであり、また「単独の語」および「複合の語」の中で区分されている「活用のない語」というのは、その多くが名詞の用例であり（例：後ろ姿／独り言／物知り）、いずれも特殊な基準であると言ってよいでしょう。したがって、ここではそれらの用例については省略し、「単独の語」と「複合の語」のうち、「活用のある語」に関する送り仮名の付け方について、その基本原則を整理・紹介しておくことにします。

● 「単独の語」のうち「活用のある語」の送り仮名の付け方

　「単独の語」というのは、漢字の音や訓を単独に用いて、漢字1文字で書き表わす語のことです。日本語で「活用のある語」というのは、〈動詞・形容詞・形容動詞〉の3つですから、ここで問題となっているのは、漢字1文字で書き表わされる動詞・形容詞・形容動詞の送り仮名の付け方、ということになります。

　ところで、その「活用のある語」の送り仮名の付け方ですが、〈**基本原則は、活用語尾を送る**〉です（内閣告示「送り仮名の付け方」通則1の本則）。動詞の場合には、活用の仕方が多様で、しかも語幹（変化しない部分）と活用語尾とを明確に区分できないようなものもあり、送り仮名の付け方は複雑ですが、例えば、五段活用の動詞である〈書く〉という動詞の場合、〈書かない、書こう、書きます、書く、書くとき、書けば、書け〉というように語尾が変化していきますので、その変化する活用語尾の部

分から、送り仮名を付けるのが原則です。

　形容詞の場合は、活用語尾が〈かろ、かっ、く、い、い、けれ〉と変化しますし、形容動詞の場合は、活用語尾が〈だろ、だっ、で、に、だ、な、なら〉と変化しますので、その活用語尾の部分から送ることになります。基本的に活用語尾を送る語の例をあげておけば、以下のとおりです。

　　〔例〕　動詞 …… 憤る ／ 書く ／ 催す ／ 考える ／ 助ける
　　　　　　形容詞 …… 荒い ／ 潔い ／ 賢い
　　　　　　形容動詞 …… 親切だ ／ 大変だ ／ 元気だ

　「活用のある語」の送り仮名の付け方には、いくつもの〈**例外**〉が設けられています。語幹が「し」で終わる形容詞の場合は「し」から送り、活用語尾の前に「か」「やか」「らか」を含む形容動詞の場合は、その音節から送ることとされています。そのような送り仮名の付け方をする語の例をあげておけば、以下のとおりです。

　　〔例〕　形容詞 …… 著しい ／ 惜しい ／ 珍しい
　　　　　　形容動詞 …… 暖かだ ／ 静かだ ／ 穏やかだ ／ 明らかだ

　また、次のような動詞の場合、（　　）内に示したように、活用語尾の前の音節から送ることもできるという〈**許容**〉も示されています。したがって、以下の動詞の場合、どちらの表記を用いても構わないこととなります。

　　〔例〕　表す（表わす）／ 著す（著わす）／ 現れる（現われる）
　　　　　　行う（行なう）／ 断る（断わる）／ 賜る（賜わる）

　内閣告示による「送り仮名の付け方」では、「単独の語」でかつ「活用のある語」のうち、活用語尾以外の部分に、動詞の活用形であるとか、形容詞・形容動詞の語幹等を含むものの送り仮名の付け方、また、「活用のない語」（名詞・副詞・連体詞・接続詞など）の送り仮名の付け方も示されていますが、その点に触れると少し煩瑣になりますので、ここでは省略することにします。

● 「複合の語」のうち「活用のある語」の送り仮名の付け方

　「複合の語」というのは、漢字の訓と訓、音と訓などを複合させ、漢字2文字を用いて書き表わす語のことです。複合の語の中で「活用のある語」というと、複合動詞、複合形容詞、そして複合形容動詞です。

　複合動詞は他の語の下に動詞が結びついてできる語です（例：旅立つ／受け取る／近寄る）。複合形容詞は他の語の下に形容詞が結びついてできる語（例：薄暗い／心細い／待ち遠しい）、そして複合形容動詞は他の語の下に形容動詞が結びついてできる語（例：気軽だ／望み薄だ）です。これらの複合動詞、複合形容詞および複合形容動詞の送り仮名の付け方は、単独の語の送り仮名の付け方と同じく、他の語の下に結びついている動詞、形容詞、形容動詞の活用語尾から送るというのが基本です。

　ところで、複合動詞の中には、動詞と動詞が結びついて作られる複合動詞、複合形容詞の中には、動詞と形容詞が結びついて作られる複合形容詞、同じく複合形容動詞の中には、動詞と形容動詞が結びついた複合形容動詞があります。例えば、以下の例がそれです。

　　〔例〕　複合動詞 …… 書き込む／取り扱う／打ち合わせる／割り引く
　　　　　 複合形容詞 …… 待ち遠しい／有り難い
　　　　　 複合形容動詞 …… 望み薄だ

　そのような複合動詞、複合形容詞、そして複合形容動詞は、頭の部分の動詞がいずれも連用形の形を取りますので、通常は、上記の例のように頭の部分の動詞には連用形の活用語尾が送られることになりますが、しかし、読み間違えるおそれのないものは、（　）の中に示すように、送り仮名を省くことができるとされています。

　　〔例〕　書き込む（書込む）／打ち合わせる（打合わせる／打合せる）
　　　　　 取り扱う（取扱う）／割り引く（割引く）
　　　　　 待ち遠しい（待遠しい）／有り難い（有難い）

　同じように、動詞と動詞が結びついた形の複合動詞が名詞化した場合の複合名詞も読み間違えるおそれのないものについては、（　）の中に示すように送り仮名を省略することができます。

〔例〕　売り上げ（売上げ・売上）／引き換え（引換え・引換）
　　　　申し込み（申込み・申込）／取り扱い（取扱い・取扱）

●統一的な送り仮名の付け方を

　内閣告示に従って、送り仮名の付け方の要点を述べてきましたが、それをもとに〈統一的な送り仮名の付け方〉について、いま少し説明しておきたいと思います。

　上述したように、動詞と動詞が結びついて作られる複合動詞、その複合動詞が名詞化した複合名詞に関しては、送り仮名の付け方に柔軟性があります。例えば、複合動詞の場合、「取り扱う」とする場合と、「取扱う」とする場合があります。出版業界などでは、この複合動詞の送り仮名の付け方に関して、次のような表現がよく用いられています。

　　＊「取り扱う」……「中送り」と呼ばれ、2つの漢字の間に仮名を送る方法
　　＊「取扱う」………「片送り」と呼ばれ、2つの漢字の間に仮名を送らず、後ろの
　　　　　　　　　　　漢字のみに仮名を送る方法

　内閣告示の「送り仮名の付け方」にあるように、動詞と動詞が結びついてできた複合動詞の送り仮名の付け方は、「中送り」の方法でも、また「片送り」の方法でも構いません。ただし、1つの論文、1冊の単行本においては、どちらかに統一するのが常識です。つまり、「中送り」方式がよいと決めた場合は、「取り扱う」「引き上げる」「請け負う」「申し込む」……というように、動詞と動詞が結びついた複合動詞を「中送り」で統一することが望まれます。

　これに対して、「片送り」で十分であると決めたのであれば、「取扱う」「引上げる」「請負う」「申込む」……というように、読み間違いのおそれのない限り、複合動詞を「片送り」で統一することになります。

　複合動詞の送り仮名の付け方との関連で、複合動詞が名詞化した複合名詞の送り仮名の付け方もほぼ決まります。複合動詞の送り仮名の付け方が「中送り」の場合は、その複合名詞は「取り扱い」「取扱い」「取扱」のいずれでも構いません。しかし、複合動詞の送り仮名の付け方を「片送り」とした場合には、その複合名詞は「取扱い」か「取扱」のいずれかで統一することになります。

　このように、複合動詞、複合名詞の送り仮名の付け方には柔軟性があるのですが、送り仮名の付け方としては、複合動詞は中送り（例：取り扱う）、複合名詞は片送り

(例：取扱い)ないしは両方とも送らない(例：取扱)方法で統一されることが、一般的であるように思います。

(2)「かな書き」が望ましい代名詞、副詞、接続詞など

近年は、「さいたま市」「つくば市」など、都市名ないし地名にもひらがな表記が多く用いられるようになってきていますが、それはともかくとして、現在は、代名詞、副詞、接続詞、感動詞、助動詞、助詞などは〈なるべくかな書きにすることが望ましい〉とされています。というのは、第2次世界大戦直後に行なわれた国語改革の中で、使用漢字の制限が検討され、1946（昭和21）年に「当用漢字表」が内閣告示されましたが、その内閣告示の「使用上の注意事項」の1つとして、「代名詞・副詞・接続詞・感動詞・助動詞・助詞は、なるべくかな書きにする」と記されているからです。

その内閣告示に記されていることが絶対的な規定ではありませんが、現在では、かつてと比べてかな書きがかなり一般化してきているように思いますので、以下のような語はあえて（　）内のような漢字表記にすることは避け、かな書きにすることが望ましいと思います。

〔かな書きが望ましい例〕
あえて（敢えて）／あるいは（或いは）／いたずらに（徒に）
いまだ（未だ）／いわゆる（所謂）／おいて（於いて）
おける（於ける）／かつ（且つ）／かなり（可なり）
ことさら（殊更）／しかるに（然るに）／しょせん（所詮）
ただし（但し）／たとえ（仮令）／ないし（乃至）
なお（尚）／ほとんど（殆ど）

(3) 国名・外国の地名・動植物名・単位などの表記

1つの論文の中で、頻繁に使われる用語の表記が場所によって異なっているのは、見苦しいものです。すでに述べたように、複合動詞であるとか、複合名詞の表記では送り仮名の表記を統一することが、また代名詞、副詞、接続詞などもかな書きにするか否かを決め、表記の統一を図ることが必要ですが、さらに国名、外国の地名、動植物名、そして単位などの表記についてはとくにそうした注意が必要です。気がつかない人が多いかも知れませんが、出版されている書物の多くは、そうした点にも注意が払われています。以下では、国名、外国の地名、動植物名、そして単位の表記につい

て注意すべきことを述べておくことにしましょう。

●国名の表記

　国名の表記は、日本、中国、韓国、北朝鮮などを除いて、カタカナ表記が一般的です。ただし、イギリスに関しては「英国」、アメリカに関しては「合衆国」「米国」という表記も使われ、また、カタカナ表記の場合にも、国によって若干異なる表記が存在するため、それらのうち、どの表記を使用するかを決め、統一した表記をすることが必要です。

- アメリカ ／ アメリカ合衆国 ／ 合衆国 ／ 米国
- イギリス ／ 英国
- イタリア ／ イタリヤ ／ イタリー
- ギリシア ／ ギリシャ

●外国の地名の表記

　外国の地名・都市名などはカタカナ表記が基本です。ただし、中国、台湾の地名・都市名については、以下の例のように漢字表記も可能であり、その場合にはいずれかに統一して表記することが必要です。

- 香港 ／ ホンコン
- 上海 ／ シャンハイ
- 台北 ／ タイペイ

●動植物名の表記

　動植物名の表記は、下記の例にみられるように、カタカナ、ひらがな、漢字と多様な表記が可能です。しかし、1946（昭和21）年に内閣告示された「当用漢字表」の注意事項の中に、「動植物の名称は、かな書きにする」との記述がありますので、現在では、基本的にかな書きにすることが望ましいと考えられます。

- リンゴ ／ りんご ／ 林檎
- シカ ／ しか ／ 鹿
- ミカン ／ みかん ／ 蜜柑
- ウマ ／ うま ／ 馬

かな書きが望ましいとはいえ、ひら仮名にするか、それともカタカナにするか、困ってしまいますが、いずれの表記であれ、優劣はありませんので、好ましいと思われる表記を選べばよいと思います。ただし、1つの論文の中において、果物の表記として「りんご」「ミカン」「ブドウ」「なし」というように、ひら仮名表記とカタカナ表記が入り乱れているような状況は避けるべきで、ひら仮名表記かカタカナ表記かの、いずれかに統一することが必要です。

●単位の表記
　単位の表記についても、カタカナ表記とするか、あるいは m、cm、t、kg、％……などの記号による表記で統一するか、という問題があります。どちらの表記でも構いませんが、下記のように、可能な限り統一することが必要です。

　　＊カタカナ表記による統一……　1トン　／　2キログラム　／　5グラム　／
　　　　　　　　　　　　　　　　　　1メートル　／　5パーセント
　　＊記号による表記での統一……　1 t　／　2 kg　／　5 g　／　1 m　／　5 ％

（4）外来語の表記
　日本人は、いわゆる外来語をカタカナで表記しながら、原語と同じ意味を持つ語として、それをうまく利用してきました。国際化が進む中で、カタカナ表記される外来語は増加の一途をたどっていますが、問題はその外来語の表記です。
　新聞、雑誌、そして様々な書物においてみられる外来語のカタカナ表記には、原語は同じでありながら表記の異なる例がたくさんみられます。例えば、「バイオリン／ヴァイオリン」「サーヴィス／サービス」などがそれです。その他、人名や地名などにも表記の異なる例がたくさんあります（「ヴォルテール／ボルテール」「ヴェルサイユ／ベルサイユ」）。すでに書かれた文章を読んで理解するうえでは、どちらの表記であってもその意味を取り違えるようなことはありませんが、いざ自分が外来語を表記する立場になると、「どちらの表記が望ましいのか」と悩んでしまう人も多いのではないでしょうか。
　外来語の表記については、現在では、1991（平成3）年の内閣告示「外来語の表記」が1つのよりどころとなっています。この告示の内容も、インターネットを通じて、容易に見ることができます（文化庁ホームページ「内閣告示・内閣訓令」の中の「外来語の表記」）。

同告示は、外来語の表記を原音に近い表記ないしは統一的な表記に改めようとするものではありません。むしろ、これまで取られてきた慣用的な表記と、より原音や原綴（語のもとのつづりの意）に近いものとして取られてきた表記とを示し、いずれの表記も認める、としたものです。詳細については、同告示を参照していただくこととし、ここでは、とくによく見られるごく基本的なことについて触れておくことにします。

●「ヴァ・ヴィ・ヴ・ヴェ・ヴォ」と「バ・ビ・ブ・ベ・ボ」の違い

原語は同じでありながら、異なった外来語の表記としてよく見かける例は、「ヴァイオリン／バイオリン」とか、「サーヴィス／サービス」といった表記のように、「ヴァ」が「バ」に、また「ヴィ」が「ビ」になっている例です。

「ヴァイオリン」および「サーヴィス」という表記の「ヴァ」「ヴィ」は、もとの語である violin および service にみられる「v」の発音「và」及び「vi」をカタカナで表記するために考えられた方法です。「v」という子音は本来日本語にはなく、日本人には「và」と「bà（バ）」、「vi」と「bi（ビ）」の区別はほとんどできません。したがって、原語に「v」を含む語のカタカナ表記としては、一般に「バ」「ビ」「ブ」「ベ」「ボ」を使って、「バイオリン」とか「サービス」という表記がなされてきたのです。

しかしそうすると、「バイオリン」と「バイオテクノロジー」というカタカナ表記からは、原語のもつ原音や原綴（violinとbiotechnology）の違いが見えにくくなってしまいます。より原音に近い形で表記したいと考える人は、やはり「và」と「bà」を区別した表記として、violin の場合は「ヴァイオリン」という表記を選択するということになるのです。

そうしたことが理解できているのであれば、上記の内閣告示「外来語の表記」が認めているように、どちらの表記を採用しても問題はありません。ただし、1つの論文や1冊の本の中では、「và」とか「vi」の発音の表記を「ヴァ」「ヴィ」と決めたのであれば、最後までその表記を踏襲することが望ましいと思われます。

●複数の原語からなる外来語の表記

外来語の表記に関して、もう1つ注意すべきことに触れておきたいと思います。外来語のカタカナ表記の中で、複数の原語からなる語を表記する場合の表記法についてです。

例えば、super computer のカタカナ表記として、「スーパーコンピューター」と表記されている場合があるかと思うと、その一方で、「スーパー・コンピューター」という表記を目にすることがあります。このような表記に出くわすと、どちらが正しい表記なのかとか、スーパーコンピューターと表記する人とスーパー・コンピューターと表記した人は何を基準にそのような表記をしたのか、といった疑問も湧いてきます。

また、同一の論文内で、両方の表記が同時に使われているといったケースに出くわすこともあり、表記上の違いをほとんど意識していない人もいるのではないか、と想像していますが、しかし、読者に外来語の表記に関して疑問を抱かせるようなことは、極力避けるべきです。そのためには、やはり何らかの基準に従いながら、統一のとれた表記を心掛けることが必要です。

とはいえ、複数の原語からなる外来語を表記する場合の、確固たる基準があるわけではありません。ただ、これまでにある程度ルール化されてきた約束事のようなものは存在します。それは、基本的に原語を一語ずつ区切って表記する、という約束事で、しかも、その区切りの仕方として、多くの場合、「中黒」と呼ばれる記号の「・」を用いる方法です。

そうした原則に立つならば、super computer という外来語のカタカナ表記は、「スーパー・コンピューター」となります。であれば、同じような原語が使われている大規模小売店は「スーパー・マーケット」かというと、そうではありません。いまでは、「スーパーマーケット」と、カタカナ表記も区切ることなく一語として表記することが望ましい、と考えられます。というのは、いまでは「スーパーマーケット」の原語は、super market ではなく、super-market と綴られ、すでに一語になってきているからです。

「言葉は生き物」といわれるように、時代とともに変化していきます。かつては2つの語から成り立っていた言葉が、やがて一語として定着していくこともしばしばみられます。例えば、「商標」という意味の trademark は、かつては trade mark だったのでしょうが、現在はすでに一語となっていますので、「トレードマーク」ですし、それに対して「貿易センター」を意味する trade center は「トレード・センター」ということになります。

絶対的な約束事ではありませんが、以上のように明確に複数の原語から成り立っていると思われる外来語の表記に関しては、中黒記号の「・」を用いながら原語を一語ずつ区切る形でカタカナ表記し、またその外来語の原語がすでに一語として扱われて

いる場合には、カタカナ表記も一語として表記していく、といった方法を、一応の
ルールとして習慣づけておくとよいのではないでしょうか。

（5）数字の表記
●ヨコ組みは、アラビア数字を用いることが原則

　社会科学の分野の論文を執筆する場合、様々な数字を表記する必要が生まれてきます。統計数値、年月日、ページ数、等々がそれです。ヨコ組みの場合、原則として数字はアラビア数字（1、2、3、4、……）を用います。一方、タテ組みの場合は、通常、和数字（一、二、三、四、……）を用いて表記します。

　ここでは、〈ヨコ組みのワープロ原稿〉を執筆するうえで注意すべきことを、整理しておくこととします。

＊統計数値、年月、日時などの数字は、アラビア数字で表記する。

＊ワープロで執筆する場合、アラビア数字は、通常、半角文字を使用する（例：1995年、520万円、45％、……）。

＊大きな金額・数量の表記の場合、単位語を用いて表記する。用いる単位語は、通常、「万」「億」「兆」とし（例：2兆6520億4300万円）、「千」「百」「十」の単位語は用いない（例：12万4563人）。

＊表組み内の数値データの場合には、通常、単位語（万、億、兆）は用いず、3ケタごとの「位取りカンマ（,）」を入れて表記する（例：2,393,465）。

＊幅のある数値は、「〜」（波ダーシ）もしくは「-」（二分ダーシ）の記号を用いて表記する（1985〜94年、10〜15人／1985-94年、10-15人）。1つの論文の中では、2つの記号のうちいずれかの記号に統一することが望ましい。なお、日本語文献の頁数の場合、30〜34頁、30-34頁のいずれの表記を用いてもよいが、欧文文献の場合は、必ずpp. 30-34というように「-」を用いて表記する。

＊訓読みで「ひとつ」「ふたつ」「みっつ」と読む場合のように、数量がはっきりしている場合の表記、さらには順序が明確な場合には、アラビア数字を用いて表記する（例：1つ、2つ、3つ……／第1に、第2に、第3に……）。

＊概数の表記の場合は、ヨコ組みであっても「数千人」「百数十人」というように和数字を用いるのが原則。

＊熟語・固有名詞などの場合、アラビア数字は使用しないで、必ず和数字を用いること（「八十八夜」「二百十日」）。

● 「以上／超」「以下／未満」の区別の認識を

　数値データについて説明する場合に、しばしば「500人以上700人未満」とか「50人以下」、さらには「500人超の参加者が……」といった表現が使われますが、「以上」と「超」、「以下」と「未満」の違いを認識しないまま、そうした表現を使っていると思われるケースが多々見られます。

　「500人以上」という場合は500人が含まれていますが、「500人超」という場合、500人は含まれていません。同様に、「50人以下」という場合は50人が含まれていますが、「50人未満」という場合は50人を含まない表現です。

（6）約物（記述記号）の使い方

　文章表現は、基本的には文字を連ねることによって成り立っているのですが、しかし、句点（。）や読点（、）をはじめとして、「　」『　』〈　〉のようなカッコ類など、様々な記号を用いながら文章にメリハリを持たせ、文章表現を豊かなものにする工夫も行なわれてきています。その文章表現に使われる記号、すなわち記述記号を総称して〈約物〉と言います。

　その約物の使い方にもある程度ルール化されたものがあるのですが、学部学生から提出されたレポートや卒業論文に目を通していると、その使い方をまったく知らず、自分勝手な使い方をしている表現にしばしば出くわし、違和感を覚えたことがあります。やはり、きちんとした論文を書くためには、ある程度ルール化されたその約束事を予め知っておく必要があります。

　社会科学の論文を執筆する際に使用する可能性のある主要な約物（記述記号）とその名称については、このガイドブックの末尾に一括整理してありますが、ここではその中から比較的頻繁に使用される約物を抜き出し、その使い方について、基本的な事柄を説明しておくこととします。

● カッコ類の使い方

　①「　　」［かぎ／かぎカッコ］

　多様な用途がありますが、主として、語句・文章を引用する場合、会話文を表わす場合、さらには注意を喚起する語句、強調したい語句を示す場合に使用します。また、日本語文献の論文名（例：「WTO農業協定と日本の食料安全保障」）を表記する場合に、さらには芸術作品名（例：「モナリザ」）とか、新聞記事名・雑誌記事名などを表記する場合にも使います。

②『　』［二重かぎ／二重かぎカッコ］

　論文を執筆する場合には、主として書籍名・雑誌名・新聞名を示すために使用する記号です（例：『経済学および課税の原理』／『週刊エコノミスト』／『日本経済新聞』）。また、かぎカッコで括った引用文の中に出てくる「　」部分を表記する場合、かぎカッコの重複を避けるために、通常、引用文中のかぎカッコをこの二重かぎカッコに転換して表記するという使い方もあります（例：…… A氏は、「ヨーロッパの人々が考える『自由』と、日本人の考える『自由』との間には大きな違いが存在する」と論じている。……）。

③（　）［丸カッコ／パーレン］

　用途の多いカッコで、（1）、（2）、（3）、……のように番号を振る場合であるとか、種々の補足説明を行なう場合、あるいは言換えを表記する場合などに用います。

④〈　〉［山がた／山カッコ］

　主として、語句を強調する場合に使用します。前ページで、〈約物〉と表記したのがその事例です。ときどき語句を強調する場合に、＜約物＞という表記を目にすることがありますが、そこで使われている記号は、数学で使われる不等号の記号であり、「山カッコ」とは違います。語句を強調するために数学記号の不等号を使うべきではなく、きちんと山カッコを使うべきだと思います。

⑤〔　〕［亀甲パーレン］

　決まり切った用途はありませんが、パーレンで括った補足説明文の中で、さらに補足説明が必要となったときは、パーレンの重複を避けるために、その入れ子の形の補足説明部分を亀甲パーレンで括って表記するという方法がとられる場合があります。例えば、「　…… 現在、その役割を担っているのがOECD（経済協力開発機構）である（なお、OECDの前身は、OEEC〔ヨーロッパ経済協力機構〕である）。……　」という、パーレンで囲んだ文章の中のOEECの補足説明がそれです。

●その他の約物
①　… ［三点リーダー］

　会話文において、沈黙状態を示す表現であるとか、また文章の最後の部分で言葉を濁す表現（例：「私にはそのように思われるのだが ……。」）に使用されるとか、また長

い引用文の途中を省略する場合の記号として用います。また、箇条書き項目とその内容説明との間を区分すると同時に、項目と内容とをつなぐための記号としても使用します。三点リーダーは、通常、「……」のように2つ、もしくはそれ以上並べて使います。

② 〜［波型／波ダーシ］
　15 〜 20人、5 〜 8月などのように、値の範囲を表わすために用いる記号です。

③ ：［コロン］
　文の区切りを示す欧文記号ですが、英語文献を表記する場合、著書・論文のメイン・タイトルとサブタイトルの間をつなぐ記号として使用します。

④ " "［ダブル・クォーテーション］
　欧文で使われる引用符ですが、英語文献の表記において、論文のタイトルを表わす場合に用います。

　ここで説明した約物のほとんどは、このガイドブックの随所で使われていますので、それをも参考にしながら、各種の約物の使い方を身に付けて欲しいと思います。

第4節　文献・資料の表記法

　社会科学の論文を完成させるには、多くの先学の研究成果を検討し、参照することが必要です。当然、それら先学の研究成果の一部を引用することも必要になります。
　すでに述べたように、他人の研究成果を無断で引用することは、〈剽窃〉であって、道義的に許されないことです。後になって、「この論文は盗作である」といった非難が投げかけられるのを避けるために、他人が書いた文章を引用した場合とか、他人の見解を参照した場合には、必ず〈注記号〉を付すなどして、その引用文や見解の出所を明記しておかなければなりません。また、論文を完成させた場合、その末尾に〈引用・参考文献一覧〉を付け加えておくことも広く行なわれていることです。
　そのように1つの論文を完成させるためには、多くの文献を取り上げることになるのですが、その文献の表記の仕方も統一のとれたものが望ましい、と思われます。引

用文献や参考文献の表記の仕方に絶対的といえるような定まったものはないのですが、しかし、ある程度ルール化されたものは存在します。〈注〉として引用文の出所を明らかにする場合や〈引用・参考文献一覧〉を作成するときのために、以下では、文献表記に必要な基本的記載事項、さらには一般的な文献表記例を紹介しながら、文献表記法の要点を説明しておくこととします。

（1）文献表記に必要な基本的記載事項

　文献表記を行なう場合、基本的に記載しなければならない事項があります。その記載事項には、日本語文献の場合と外国語文献の場合とで、また、単行本の場合と学術雑誌などに掲載された論文の場合とで少し違いがありますが、およそ以下の諸事項が文献表記の際に必要な基本的記載事項です。

＊著者名（編著書の場合は編著者名、訳書の場合は原著者名と訳者名が記載事項）

＊書名（サブタイトルがある場合には、サブタイトルも記載事項）

＊論文名（サブタイトルがある場合には、サブタイトルも記載事項）

＊論文掲載雑誌名（論文の場合）

＊発行都市名（外国語文献のうち、単行本についてのみ必要で、その単行本が発行された場所＝都市名が記載事項。例：London, New Yorkなど）

＊発行所（単行本の場合は出版社名、論文の場合は掲載雑誌の発行組織・機関等が記載事項）

＊発行年（単行本の場合）

＊掲載雑誌の巻・号（論文の場合）

＊掲載雑誌の発行年月（論文の場合）

　ところで問題は、上記の記載事項をどのように表記していくかです。現実には多様な表記がなされてきていますが、それらを整理すると、大きく2つの表記法に分けることができると思います。

　1つが、古くから行なわれているオーソドックスな表記法です。これを便宜的に、〈オーソドックス型文献表記法〉と名づけておくことにします。

　それに対して、近年、比較的多くみられるようになった表記法は、ハーバード方式と呼ばれている文献表記法に準じたものです。ここではこれを、〈ハーバード型文献表記法〉と呼ぶことにします。

以下では、オーソドックス型とハーバード型とに分けて、文献表記の仕方を説明していくことにします。

（２）オーソドックス型文献表記法
　次ページに示した引用・参考文献一覧が、オーソドックス型文献表記の一例です。この一覧において、各文献がどのような基準に基づいて整理され、並べられているかをまずみておくことにしますが、第１に、日本語文献、外国語（英語）文献、そしてインターネットからの情報に区分されていること、第２に、単行本、論文の区別なく、日本語文献の場合は、著者（編著者）の姓の五十音順に、外国語（英語）文献は、著者のファミリー・ネーム（姓）のアルファベット順に並べられていることが確認できます。
　引用・参考文献の一覧を作成する場合、文献の並べ方はこのような形式・順でなければならない、というのではありません。しかし、これはごく一般的にみられる並べ方ですから、ひとまずこれが基本形であると考えておいていただきたいと思います。
　次に、表記例における引用・参考文献をよくみると、日本語文献においても、また外国語（英語）文献においても、単行本と学術雑誌などに掲載された論文との間では表記の形式が少し異なっています。したがって、以下では文献の種類別にオーソドックス型文献表記の特徴、留意点などを説明することにします。

●**日本語文献のオーソドックス型表記 ― 単行本の場合 ―**
　日本語文献のうち、単行本についてのオーソドックス型表記の特徴は、基本的記載事項の表記順が、《**著者名・書名・発行所（出版社）・発行年**》となっている点です。次ページの表記例の中にある、以下のような文献表記がそれです。

　　石弘之『地球環境報告Ⅱ』岩波書店、1998年。
　　農林水産省『海外食料需給レポート2007』農林水産省、2008年。
　　ポランニー、K.『大転換 ― 市場社会の形成と崩壊 ―』野口建彦ほか訳、東洋
　　　経済新報社、2009年。
　　村田武編著『食料主権のグランドデザイン ― 自由貿易に抗する日本と世界の新
　　　たな潮流 ―』農山漁村文化協会、2011年。
　　若森章孝ほか『入門・政治経済学』ミネルヴァ書房、2007年。

〈オーソドックス型文献表記例〉

【引用・参考文献】

石弘之『地球環境報告Ⅱ』岩波書店、1998年。

記田路子「食のグローバル化に対応する米欧の農業・食料研究 ― フード・レジーム論の方法論的意義 ― 」『季刊経済理論』経済理論学会、第44巻第3号、2007年10月。

農林水産省『海外食料需給レポート2007』農林水産省、2008年。

ポランニー、K.『大転換 ― 市場社会の形成と崩壊 ― 』野口建彦ほか訳、東洋経済新報社、2009年。

村田武編著『食料主権のグランドデザイン ― 自由貿易に抗する日本と世界の新たな潮流 ― 』農山漁村文化協会、2011年。

若森章孝ほか『入門・政治経済学』ミネルヴァ書房、2007年。

Anderson, K. & R. Tyers, *Global Effects of Liberalizing Trade in Farm Products*, London, Harvester Wheatsheaf, 1991.

Hines, C., *Localization: A Global Manifesto*, London, Earthscan Publisher, 2000.

OECD, *The Environmental Effects of Trade*, Paris, OECD Publications, 1994〔OECD『貿易と環境 ― 貿易が環境に与える影響 ― 』環境庁地球環境部監訳、中央法規出版、1995年〕.

OECD, *Job Study: Facts, Analysis, Strategies*, Paris, OECD Publications, 1994.

Watkins, K., "Free Trade and Farm Fallacies: From Uruguay Round to the World Food Summit," *The Ecologist*, Vol. 26, No. 6, 1996.

〈URL〉

環境省「京都メカニズムに対する環境省の取組について」環境省ホームページ「地球環境・国際環境協力＞京都メカニズム」（2013年1月20日取得）
〈http://www.env.go.jp/earth/ondanka/mechanism/index.html#c03〉

これらの日本語文献（単行本の場合）の表記に関する留意点は、次のとおりです。

* 書名は、『　　』（二重かぎカッコ）で囲んで表記する。
* サブタイトルは、メイン・タイトルの後に、―（二倍ダーシ）の記号でもって挟む形で記載する。サブタイトルを表記する場合、－（全角ダーシ）で挟む形で表記されている事例も見かけますが、サブタイトルの末尾に「ー」（長音記号）がきた場合には見分けがつきにくくなりますので、私は、二倍ダーシを使うべきであると考えます。
* 翻訳書の場合は、訳者名を書名の後に記載する。
* 著者名の部分の表記は、著者が単独の場合は、そのまま氏名を表記する（石弘之『地球環境報告Ⅱ』……）。著者が２名の場合には、通常、２名の氏名を連記する（時子山ひろみ＝荏開津典生『フードシステムの経済学』……）。著者が３名以上の場合には、主要な著者名を記した後に〈ほか〉という語を付した表記とする（若森章孝ほか『入門・政治経済学』……）。
* 編者もしくは編著者がいる場合には、氏名の後に〈編〉ないしは〈編著〉の表記をしておくことが必要（村田武編著『食料主権のグランドデザイン ― 自由貿易に抗する日本と世界の新たな潮流 ―』……）。
* 農林水産省のような行政府によって発行された書籍の場合、農林水産省を著者とみなし、上記のように表記する。また、文献に「農林水産省編」と〈編〉の文字が明記されている場合には、文献に示されているとおりに、「農林水産省編」と表記する。

● 日本語文献のオーソドックス型表記 ― 論文の場合 ―

論文についてのオーソドックス型文献表記の特徴は、基本的記載事項の表記順が、《著者名・論文名・掲載雑誌名・掲載雑誌発行組織名・巻号・発行年月》となっている点です。前ページの表記例にみられる、以下の文献表記例がそれです。

記田路子「食のグローバル化に対応する米欧の農業・食料研究 ― フード・レジーム論の方法論的意義 ―」『季刊経済理論』経済理論学会、第44巻第３号、2007年10月。

論文の場合の文献表記に関する留意点は、次のとおりです。

＊論文名は、「　　」（かぎカッコ）で囲んで表記する。
＊単行本の場合と同じく、論文のサブタイトルもメイン・タイトルの後に ─（二倍ダーシ）の記号をもって挟む形で記載する。
＊論文掲載雑誌は、単行本と同様に『　　』（二重かぎカッコ）で囲んで表記する。
＊雑誌の発行組織を雑誌名の後に記載する。
＊掲載雑誌の巻号、および発行年月を記載する。

　日本語文献を表記する場合には、しばしば『　』（二重かぎカッコ）や「　」（かぎカッコ）という記号が使われます。通常、『　』は単行本の書名や雑誌名を表記する場合に使い、論文名を表記する場合には「　」を使う、という使い分けがなされています。

●外国語（英語）文献のオーソドックス型表記 ─ 単行本の場合 ─
　外国語文献には、英語文献、フランス語文献、ドイツ語文献など様々なものがありますが、世界中で最も多く刊行され、利用されている文献は英語文献だと思いますので、ここでは、英語文献のオーソドックス型表記について説明することにします。
　単行本の表記は、英語文献の場合も日本語文献の場合も基本的には同じです。ただし、英語文献の表記の場合、日本語文献では記載する必要のなかった発行都市名（例：London, New York, など）を付記する、という点が異なっています。したがって、英語文献のオーソドックス型表記においては、記載しなければならない基本事項の表記順が、《著者名・書名・発行都市名・発行所（出版社）・発行年》となります。前に掲げた表記例の中にみられる、以下の表記がそれです。

　Hines, C., *Localization: A Global Manifesto*, London, Earthscan Publisher, 2000.
　OECD, *The Environmental Effects of Trade*, Paris, OECD Publications, 1994
　　［OECD『貿易と環境 ─ 貿易が環境に与える影響 ─』環境庁地球環境部監訳、中央法規出版、1995年］
　OECD, *Job Study: Facts, Analysis, Strategies*, Paris, OECD Publications, 1994.

英語文献の場合、London とか、Paris などの都市名まで記載する理由は、国際語である英語で書かれた書籍が世界の様々な国で出版される可能性があるからです。言い換えれば、論文を通してその文献の存在を知り、その文献を入手したいと考えた人に、その文献の注文先がどこであるかを知らせてあげるためでもあります。

　また、OECD（経済協力開発機構）のような国際機関が発行した本も、OECDを著者扱いにして表記します。そのほかの約束事は、以下のとおりです。

* 著者名は、通常、ファミリー・ネーム（姓）→ ファースト・ネーム（名）の順で表記し、ファースト・ネームは、頭文字のみで表記する（例：Hines, C.）。ただし、著者が複数の場合、＆（アンパサンド）記号の後ろの著者名は、ファースト・ネーム → ファミリー・ネームの順に表記する（例：Anderson, K. & R. Tyers）。
* 書名は、日本語文献の場合のように記述記号（『　』）を用いて表記するのではなく、書体（フォント）をイタリック体にすることによって、書名であることを明らかにする。
* 書名を表わす各単語は、冠詞・接続詞・前置詞を除き、その頭文字を大文字で表記する。ただし、冠詞・接続詞・前置詞が書名の冒頭に来るときは、頭文字を大文字にする。
* 翻訳書がある場合は、英語文献表記の後に［　］（ブラケット）、もしくは〔　〕（亀甲パーレン）を使って、その中に〈著者名・翻訳書タイトル・訳者名・発行所名・発行年〉を日本語文献の表記法に従って表示する。
* サブタイトルは、メイン・タイトルの後にコロン（：）を付し、それに引き続いて記載する。

　最終的に原稿が印刷物になった場合、書名はイタリック体で表記するというのが英語文献表記における約束事です。ワープロで執筆する場合には、イタリック体で印字・表記することが可能ですから、書名の部分はイタリック体とします。

　手書きの原稿であるとか、イタリック体で表記できない場合には、下記のように書名の部分に下線を引いておくのが約束事です。

　　Hines, C., <u>Localization: A Global Manifesto</u>, London, Earthscan Publisher, 2000.

なお、著者が複数の場合、通常、3名まではその名を連記し、4名を越える場合には、主要な著者名を記載し、その後に〈その他〉ないし〈ほか〉の意味を表わすラテン語の et al. を付け、下記の例のように表記します。

　　Josling, T.E. et al., *The Uruguay Round Agreement on Agriculture: An Evaluation*, Commissioned Paper 9, St Paul, International Agricultural Trade Research Consortium, University of Minnesota, 1994.

●外国語（英語）文献のオーソドックス型表記 —— 論文の場合 ——
　英語文献のうち、論文についてのオーソドックス型文献表記の特徴は、以下の例にみられるように、記載すべき基本事項の表記順が、《著者名・論文名・論文掲載雑誌名・巻号・発行年》となっている点です。

　　Watkins, K., "Free Trade and Farm Fallacies: From Uruguay Round to the World Food Summit," *The Ecologist*, Vol. 26, No. 6, 1996.

　英語論文の文献表記に関する主な約束事は、以下のとおりです。

＊論文名は、" "（ダブル・クォーテーション）で囲んで表記する。
＊掲載雑誌名の書体は、単行本と同じ扱いで、イタリック体とする（例：*The Ecologist*）。
＊論文名、雑誌名などの表記は、冠詞・接続詞・前置詞以外の単語の頭文字を大文字で表記する。ただし、冠詞・接続詞・前置詞等が冒頭に来るときは、その語の頭文字を大文字にする。
＊論文掲載雑誌の巻数を表わす記号は〈Vol.〉を、号数を表わす記号は〈No.〉を用いる。

　雑誌に掲載された論文ではなく、特定の人が編集した単行本に納められている論文の場合は、論文名を書いた後に in と記し、それに引き続いて〈編者名・書名・発行場所名・発行所名・発行年〉を順に記載していきます。
　編者の後には編者であることを示すため、editor の略である〈ed.〉を記入するのが約束事ですが、編者が複数の場合には、editors の略である〈eds.〉を記入します。

下記の表記例は、その約束事に従って表記した一例です。

Moore, R. J., "India and the British Empire," in Eldridge, C.C. (ed.), *British Imperialism in the Nineteenth Century*, London, Macmillan, 1984.

（３）ハーバード型文献表記法
●ハーバード型文献表記の特徴

　ハーバード型文献表記がオーソドックス型文献表記と異なっている点は、文献の発行年の記載位置です。下記の表記例は、先に示した〈オーソドックス型文献表記例〉における各文献をハーバード型の文献表記に改めたものです。

〈ハーバード型文献表記例〉

【引用・参考文献】

石弘之（1998）『地球環境報告Ⅱ』岩波書店。

記田路子（2007）「食のグローバル化に対応する米欧の農業・食料研究 ─ フード・レジーム論の方法論的意義 ─」『季刊経済理論』経済理論学会、第44巻第3号。

農林水産省（2008）『海外食料需給レポート2007』農林水産省。

村田武編著（2011）『食料主権のグランドデザイン ─ 自由貿易に抗する日本と世界の新たな潮流 ─ 』農山漁村文化協会。

若森章孝ほか（2007）『入門・政治経済学』ミネルヴァ書房。

Hines, C. (2000), *Localization: A Global Manifesto*, London, Earthscan Publisher.

OECD (1994 a), *The Environmental Effects of Trade*, Paris, OECD Publications ［OECD（1995）『貿易と環境 ─ 貿易が環境に与える影響 ─ 』環境庁地球環境部監訳、中央法規出版］

OECD (1994 b), *Job Study: Facts, Analysis, Strategies*, Paris, OECD Publications.

Watkins, K. (1996), "Free Trade and Farm Fallacies: From Uruguay Round to the World Food Summit," *The Ecologist*, Vol. 26, No. 6.

みられるように、日本語文献であっても英語文献であっても、また単行本であっても論文であっても、ハーバード型文献表記法では発行年が著者名（もしくは編著者名）のすぐ後ろにパーレンもしくはブラケットなどをもって囲んだ形で記載され、基本的記載事項の表記順が、**《著者名・発行年・書名（あるいは論文名）……》**となっています。これがハーバード型文献表記の特徴です。

このハーバード型文献表記のメリットは、前ページの表記例のような引用・参考文献一覧を論文末尾に掲げておくことにより、本文中では、例えば、村田（2011）とか、記田（2007）という表記のみで、村田武編著の文献や記田路子の論文を特定でき、また非常に簡略な表記法によって、その引用ページとか参照ページをも示すことができる点です（詳細は、次節「引用文および出典箇所の表記法」を参照）。

なお、前ページのハーバード型文献表記例の中のOECD刊行物にみられるように、同じ年に刊行された同一著者の文献が複数存在する場合には、OECD（1994 a）、OECD（1994 b）というように、年号の後に a, b …… という記号を付けて区別します。そうしておけば、本文中でも、OECD（1994 b）と表記するだけで、同じ年に発行されたOECDの文献のうちのどの文献であるかを特定することができます。

（4）インターネットから得られた情報のありかを表記する方法

ところで、あらゆる学問研究の分野において、ここ20年近くの間に大きく変わった事柄は、様々な情報がインターネットを通じて迅速かつ容易に得られるようになった点です。社会科学に関しても、これまで自らが足を運んで探し出さなければならなかったような情報が、インターネットを通じて容易に得られるようになりました。そのように、現在では論文を作成するために、インターネットをうまく利用して情報を集めることも必要であると考えられますが、その際に重要なことは、そのインターネットから得られた情報のありかを明確にしておくことです。

インターネット情報のありかを表記する方法として定まったものはありませんが、論文の中でインターネットから得られた情報を利用した場合には、その情報がインターネットから得られた情報であることを注記しておくと同時に、引用・参考文献一覧の中にもその情報のありかを明記して、第三者がたどり着けるようにしておくことが必要です。その記載の仕方は、通常、〈URL〉という略記号に引き続いて、「情報提供者名」「参照記事・情報名」「情報記事の日付」「サイト名」「情報取得日付」「情報源のアドレス」などを明記します。本書50ページに掲げた〈オーソドックス型文献表記例〉の中に示した、以下の書式がその一例です。

〈URL〉
環境省「京都メカニズムに対する環境省の取組について」環境省ホームページ「地球環境・国際環境協力＞京都メカニズム」（2013年1月20日取得）〈http://www.env.go.jp/earth/ondanka/mechanism/index.html#c03〉

ちなみに、〈URL〉とは、"Uniform Resource Locator"の略で、インターネット上にある情報の場所を特定するための表記法ないし書式のことです。

●**インターネットの情報は多用すべきではない！**

　学部学生の卒業論文やレポートの中には、インターネットを通じて得られた情報を多用して作成したものが多々みられます。しかし、研究者としての道を歩み始めている大学院生が作成する学術論文に関していうならば、インターネットから得られた情報を多用することは極力控えるべきだ、と私は考えています。というのは、インターネット上の情報は、永続的に閲覧し、入手することができる情報ではないからです。

　学術論文は、他の研究者によって読まれることによって評価が決まってくるのですが、読者である研究者が、参照されているインターネット上の情報にいつでもたどり着くことができなければ、そのインターネットを通じて得られた情報をもとに論証した議論は、確実性の乏しいものにならざるを得ません。したがって、自らの主張を明確に展開するためには、他の研究者がいつでもたどり着けることのできる文献資料を用いて議論することが最も望ましいと考えられます。

　事実、私の手許にある、いくつかのレフリー付き学術雑誌に掲載されている論文では、ほとんどインターネット上の情報は使われていません。これは、インターネット上の情報をもとにして書かれた論文はあまり高い評価を得ることができない、ということを各研究者がよく知っているからかもしれません。

第5節　引用文および出典箇所の表記法

　社会科学の論文を作成する場合には、先にも述べたように、しばしば先行研究の成果を取り上げながら、それを精査・検討し、それを通じて〈独自の知見〉を追究するということが行なわれます。研究論文は、その〈独自の知見〉が得られたプロセスを論じていくことである、といってよいのですが、その際、先行研究の成果である種々

の文献から特定の見解を引き合いに出すとか、あるいは特定の文章を引用しながら、自分の考えを特徴づけ、その独自性を主張していくことも必要になってきます。

　その場合、引き合いに出した見解や引用した特定の文章が、誰の、どういう文献からのものであるかを明確にすると同時に、また特定の文章の引用に関しては、後になって誤った引用の仕方をしていると非難されることのないように、正しい引用の仕方をしておかなければなりません。そのための注意点について、いま少し触れておきたいと思います。

●他の人が著わした文献から特定の文章を引用する場合の注意事項

　自分の考えの独自性を明確にするために、検討対象として取り上げた文献で述べられている他の人の見解を引き合いに出そうとするとき、参照する部分の内容を簡潔に要約して紹介するような方法と、その文献から特定の文章を直接引用して参照する方法とがあります。

　いずれの場合にも、その参照文献の該当箇所（ページ等）を明記し、読者がその参照文献の該当箇所にたどり着くことができる措置を講じておかなければなりませんが、とくに他の人が著わした文献から特定の文章を直接引用する場合には、次のことに注意する必要があります。

　　＊他の人が著わした文献から引用する文章（＝引用文）は、必ず「　　」（かぎカッコ）で括って、それが他の人の文章であることを明確にしておくこと。
　　＊他の人の文章を引用する場合には、原文どおりに引用すること。

　他の人が著わした文献から文章を引用する場合、〈原文どおりに引用すること〉が原則で、漢字を仮名文字に直すとか、仮名文字を漢字に直すといったことをしてはいけません。句読点も書かれているとおりに引用するのがルールです。ただし、ヨコ書きで論文を作成しているのにもかかわらず、参照文献はタテ書きの文献であり、しかも引用文の中に数値データとか年月が和数字で表記されている場合には、その部分のみをアラビア数字に直すことは許されることだ、と私は考えています。

　もしも、そのことが〈ルール違反になるのではないか〉と気がかりであれば、引用文の後に、「原文の和数字はアラビア数字に変換して表記」といった注記をしておけばよいと思います。そのような注意を払ったうえで、出典箇所を明らかにするのですが、次ページに示した〈例文①〉はその一例です。

〈例文①〉

　………… 1970年代以降、保護主義的傾向が強まっていった原因としては、多くの要因が指摘されている。例えば、ギルピンは、①変動相場制への移行、②エネルギー価格の大幅上昇、③日本の急速な世界市場進出、④NICSの台頭、⑤アメリカの経済力の相対的後退、⑥ECの保護主義化、といった諸要因を指摘している[2]。

　これらの変化が保護主義台頭の原因であったことは確かであるが、より集約していえば、ランガラジャンが、「1つの主要な変化は、特に日本や西ヨーロッパのようなアメリカ以外の貿易力を有した中心地の出現であった」[3]と指摘するように、日本やEC諸国、さらにはアジアNIESの台頭と、それに対するアメリカの経済力・貿易力の相対的低下が、最も大きな要因であったといってよい。というのも、「GATTの下で発展した貿易制度は、アメリカがその他の国々の経済に卓越しているかぎり、またドルが絶対的であるかぎり、理にかなって安定的であった」[4]からである。

　IMF-GATT体制は、アメリカの世界市場における指導的地位を背景として樹立されたものであって、その意味でそれは、木下悦二が指摘するように「アメリカ体制」[5]と言うことのできるものであった。………………………………

注

1) ○○○○○○○○○○○○○○○○○○○○○○○○○○○○。
2) Gilpin, R., *The Political Economy of International Relations*, Princeton, Princeton University Press, 1987, p. 193.
3) ランガラジャン、L．「国際貿易の政治学」（ストレンジ、S．編『国際関係の透視図』町田実監訳、文眞堂、1987年、所収）186頁。
4) 同、186頁。
5) 木下悦二『現代資本主義の世界体制』岩波書店、1981年、2頁。
6) ○○○○○○○○○○○○○○○○○○○○○○○○○。

〈例文①〉では、要約の形で抜き出した特定の見解、および直接引用した文章の部分に、「³⁾」のように片パーレンで括った数字を〈上付き〉の形で表わした注記号が付されています。注記号は、片パーレンで括った数字で、かつ〈上付き〉でなければならない、という約束事があるわけではありません。注記号であることが判別できればよいのであって、「⁽³⁾」のようにパーレンで括った数字でも構いませんし、また、それを「₃₎」「₍₃₎」のように〈下付き〉の形で表わしたものでも構いません。

　このように付された注記号に対応した形で、出典箇所を明記していくのですが、例えば、章ごとにまとめるのであれば、章末に一括して、〈例文①〉に示されているような形式で表記していくことになります。この際に注意すべきことは、本文中で使った注記号と同じ注記号を使いながら列記していくことです（例文①にあるように、本文中の注記号を片パーレンで括った数字で表わした場合は、章末の注記の箇所でも片パーレンで括った数字の注記号を使うこと）。

　〈例文①〉のような出典箇所の表記の仕方は、先に説明した〈オーソドックス型文献表記法〉に従って文献を表記し、その末尾に引用もしくは参照した該当箇所（該当ページ）を付記するというものです。

　しかし最近は、論文の末尾に〈ハーバード型文献表記法〉に基づいて整理された引用・参考文献一覧を置き、次ページの〈例文②〉にみられるように、引用文のすぐ後に簡略化した形で出典やページを付す、という方法も採られてきています。この方法で示された、例えば、（木下 1981：2）という表記は、論文の末尾に置かれた引用・参考文献一覧の中の、〈木下悦二（1981）『現代資本主義の世界体制』岩波書店〉という文献からの引用であること、加えてコロンで区切られた後の数字は、その文献の2ページからの引用文であること、を示しています。（木下 1981：2）という表記は一例であり、（木下 1981, p. 2）とか、（木下［1981］p. 2）といった表記にすることもできるでしょう。

　以上、出典箇所を表わす2つの方法を紹介しましたが、〈例文①〉に示した方法でも、〈例文②〉に示した方法でも、出典箇所を特定することは可能ですので、どちらを採用しても構いません。

●英語文献の出典箇所表記法

　英語文献を参照した場合の、その出典箇所を表記する方法は、日本語文献の場合とほぼ同じで、〈オーソドックス型文献表記法〉による表記の仕方は、前に示した〈例文①〉の注2）にみられるとおりです。ギルピン（Gilpin, R.）の著書からの引用です

が、先に英語文献の表記の仕方について説明したように、文献表記に必要な基本事項を記載した後に、引用・参照した箇所のページを付記するだけです。

〈例文②〉

　　　………… 1970年代以降、保護主義的傾向が強まっていった原因としては、多くの要因が指摘されている。例えば、ギルピンは、①変動相場制への移行、②エネルギー価格の大幅上昇、③日本の急速な世界市場進出、④NICSの台頭、⑤アメリカの経済力の相対的後退、⑥ECの保護主義化、といった諸要因を指摘している（Gilpin 1987：193）。

　これらの変化が保護主義台頭の原因であったことは確かであるが、より集約していえば、ランガラジャンが「1つの主要な変化は、特に日本や西ヨーロッパのようなアメリカ以外の貿易力を有した中心地の出現であった」（ランガラジャン1987：186）と指摘するように、日本やEC諸国、さらにはアジアNIESの台頭と、それに対するアメリカの経済力・貿易力の相対的低下が、最も大きな要因であったといってよい。というのも、「GATTの下で発展した貿易制度は、アメリカがその他の国々の経済に卓越しているかぎり、またドルが絶対的であるかぎり、理にかなって安定的であった」（同：186）からである。

　IMF-GATT体制は、アメリカの世界市場における指導的地位を背景として樹立されたものであって、その意味でそれは、木下悦二が指摘するように「アメリカ体制」（木下 1981：2）と言うことのできるものであった。…………………

【引用・参考文献】

木下悦二（1981）『現代資本主義の世界体制』岩波書店。

ランガラジャン、L.（1987）「国際貿易の政治学」（ストレンジ、S. 編『国際関係の透視図』町田実監訳、文眞堂、所収）。

Gilpin, R.（1987）, *The Political Economy of International Relations*, Princeton, Princeton University Press.

Hines, C.（2000）, *Localization: A Global Manifesto*, London, Earthscan Publisher.

ただし、ページを表わすときは、p. 193. というように表記します。この p. は、page の略号です。この際、〈必ず小文字を使う〉というのが約束事です。また、引用箇所が複数ページにわたるときは、pp. 193-194. と表記します。みられるように、複数ページを示す場合は、小文字の p を 2 つ重ね、ピリオドを付けて pp. と表記するのが約束事です。

これに対して、〈ハーバード型文献表記法〉を採用している場合の英語文献の出典箇所の表記法は、前ページの〈例文②〉の中の（Gilpin 1987：193）という表記にみられるとおりです。Gilpin によって書かれた1987年の著書の193ページを参照したことを示しています。

ところで、上記の例文にはありませんが、英語文献の場合、直前に注記した文献を繰り返し参照、引用したようなときに、〈同上書、同じ箇所〉という意味の略記号である *Ibid.* という記号がしばしば使われます。また、先に注記した文献を再び引用したような場合の〈前掲書〉という意味での略記号として、*op. cit.* という記号もよく使われます。例えば、Gilpin, *op. cit.*, p.162. と表記することによって、参照箇所は先に掲げた Gilpin の文献の162ページである、ということを簡単に示すことができます。*Ibid.* も *op. cit.* もイタリック体で表記します。

以上で引用文と注の付け方についての基本は理解できたと思いますが、これについてもいろいろな表記の仕方がありますので、その点は学術書や論文を読むときにどのような表記がなされているかに気を配り、自分で望ましいと思う表記の仕方を採用していただければと思います。

第6節　表・図の表記法

社会科学の学術論文には、表や図が付きものです。とくに、経済学の領域に関する論文では、種々の統計数値や調査で得られた数値を使って、経済社会の現状や変化を把握し、そのことを踏まえて自説を展開していくという方法がとられるのですが、その際に、必要な統計数値や調査で得られた数値をまとめた表を作成することもしばしば行なわれています。また、自分の考えなどを分かりやすく表現していくために、図を用いることも行なわれます。学部学生の卒業論文をみても、表や図はかなり多く使われていますので、表や図を作るときに注意すべきことを少し述べておきます。

●統計表のような表組みは、できるだけ同じスタイルにすること

　表には、統計数値を整理した表組み、アンケート調査で得られた数値をまとめた統計表のような表組み、さらにはある事柄を整理してまとめた文章からなる表組み、といったものがあります。表の組み方に特別な決まりはありませんが、1つの論文の中にスタイルの大きく異なる表が混在する状況はできるだけ避けるべきで、とくに統計表のような表組みは、可能な限り同じスタイルにすべきです。

●表組みの文字は小さ目にし、数値表記には半角文字のアラビア数字を使うこと

　統計表のような表組みを作成する場合に注意すべきことは、表組みの中の文字ポイントを本文の文字ポイントよりも少し小さくし（例えば、本文＝10.5ポイント、表中の文字・数字＝9ポイント）、数値表記に使うアラビア数字は、必ず半角文字を使うことです。というのは、表の中に書き込める文字数には限りがあるのに対して、とくに統計表の場合は、かなり多くの数値データを組み込む必要が出てくるからです。また、本文よりも少しポイントを小さくして作られた表組みは、引き締まった感じがし、仕上がりもきれいだからです。

●表・図のキャプションのスタイルを統一すること

　表や図のキャプション（＝タイトル）の書体や文字の大きさが不統一だと、内容までも十分に整理されていないような印象を受けることがあります。その意味で、文字の大きさ、書体等は、論文全体を通じて統一しなければなりません。

●表・図には、通し番号を付ける

　表や図には、自分で決めたスタイルで結構ですが（例：第1表、第2表、第3表、……／ 表1、表2、表3、……／ 第1図、第2図、第3図、…… ／ 図1、図2、図3、……）、通し番号を付ける必要があります。通し番号を付しておけば、本文において表や図の内容について説明する必要が出てきた場合とか、また、前の章に掲げた表や図を後の章で取り上げる場合などに、「…… 前掲の表5にみられるように ……」といった表記をするだけで、参照して欲しい表を容易に特定することができるからです。

　念のために言っておきますが、この場合、表は表だけの通し番号を、図は図だけの通し番号を付けることです。また、図や表の数が多い場合には、章ごとに番号を付け直すような通し番号の付け方がよいと思われます。例えば、第1章の表には、表

1-1、表1-2、表1-3、……、第2章の表には、表2-1、表2-2、表2-3、……と付けていく方法がそれです（図の場合も同じ）。

参考例として、以下に示した表のキャプション部分にみられる〈表2-4〉という表記は、第2章の4番目の表であるということを示しています。

表2-4　主要先進国における穀物自給率の推移（1970～2010年）　　　（単位：%）

国	1970	1975	1980	1985	1990	1995	2000	2005	2010
オーストラリア	231	356	275	368	310	284	280	333	291
カナダ	126	163	176	186	223	171	164	146	202
フランス	139	150	177	192	209	180	191	173	176
ドイツ	70	77	81	95	113	111	126	101	103
イタリア	72	74	76	83	83	84	84	73	76
イギリス	59	65	98	111	116	113	112	99	101
アメリカ	114	160	157	173	142	129	133	132	118
日本	46	40	33	31	30	30	28	27	28

（注）諸外国の数値は、いずれも農林水産省が試算した数値である。
（出所）農林水産省『平成26年度 食料需給表』農林水産省ホームページ、〈e-Stat〉より作成。

● 表のデータ、図の出所を明記すること

　表のデータの出所、あるいは図の出所は、明記しておく必要があります。出所の表記については、前述した「文献表記」に関する項や「注の付け方」の項を参照して欲しいと思いますが、この点を明記しないと、信憑性を疑われることになりますし、また、他の研究者が作った表や図を無断で利用した場合には、勝手に使用したとして、後に非難されることにもなるからです。自分で作成した図の場合には、「筆者作成」ないしは「著者作成」と注記しておけばよいでしょう。

● 統計数値の〈孫引き〉を避けること

　多くの参考文献に掲げられている表には、様々な統計資料から得られたデータをもとにして作成されたものが少なからず存在します。そのようにして作成された表をそのまま引用することを〈孫引き〉と言いますが、この〈孫引き〉は極力避けるべきです。というのは、もとの数値データを使いながら表を作成していく中で、転記する数値を誤ってしまうことがあり得ますし、しかもその誤った数値を記載した表がそのまま引用されていくうちに、誤った数値がひとり歩きしていくおそれがあるからです。
　ある参考文献に掲載されている表のうち、筆者自らがアンケート調査等で得たデー

タをもとに作成したような表を除けば、ほとんどの表が何らかの統計データに基づいて作成されたものである、と言ってよいでしょう。したがって、それらの表には、そのデータの出所が記載されているはずです。

　もしもそうした参考文献で知り得た統計データが自説の展開に必要であると考える場合には、そのデータをそのまま使うのではなく、そこに記載されている出所を手がかりに、もとの統計データにまで遡り、原資料の統計数値に基づいた自らの表を作成・使用することが肝要です。

●統計資料の扱いに注意！

　統計データをもとに作成される表に関連して、統計資料に関する注意事項を最後に付け加えておきたいと思います。

　社会科学の領域で取り上げられる問題に関する統計データ、とくに公的統計データは膨大な数量に上ります。現代は〈情報化時代〉ですから、そうした統計データをうまく利用しながら、中身の濃い論文を作成していくことも必要ですが、しかし、その際に気を付けなければならないことがあります。それは、統計データないしは統計数値の信憑性という問題です。

　学部学生の書いた卒業論文を読んでいますと、入手できた公的統計数値の信憑性についてまったく疑いを持たず、公的統計で示された大変細かな数値をそのまま引き写した表を作成するとか、大変細かな数値を引き合いに出しながら問題を論じていく、といった局面に出くわすことがあります。例えば、「FAO（国際連合食糧農業機関）のデータによると、2010年の小麦の世界生産量は、6億4190万9115トンであり、そのうちアメリカの生産量は6006万2408トン、中国の生産量は1億1518万6178トンである」といった表現がそれです。

　確かに、FAOのオンライン統計データベースである〈FAOSTAT〉を使って2010年度の各国および世界全体の小麦の生産量を調べてみると、上記のような数値が現われてくるのですが、しかし、それらの数値の10トン未満、100トン未満の数値は正確な数値なのであろうかと考えたとき、恐らく誰もが〈疑わしい〉と思うはずです。世界中の小麦の生産量を、また一国の小麦生産量を10トン未満とか100トン未満まで正確に調査・把握することはほとんど不可能で、その数値は様々な統計部署から寄せられた数値を積み上げたものにすぎないからです。改めて考えてみると、1000トン未満の数値の信憑性さえも甚だ疑問ですし、世界生産量の6億トン以下の4190万トンという数値さえも、どこまでが真の数値を示しているのか分からない、と言わざるをえな

いところがあります。

　そのことと同時に、FAOであるとか、OECD（経済協力開発機構）のような国際機関がまとめた各種の統計データには、最新年から数年間のデータは不確定なものが多く、ときとともに統計数値に修正が加えられ、最終確定に至るまで数年間の年月を必要とするものがある、ということも知っておくべきです。

　上記のような表現を使った学生の方からすると、「FAOの統計資料にも直接当たり、大変詳しい数値を入手したのだ」という思いがあるかも知れませんが、改めてその数値の信憑性を考えてみると、そのような表現はかえって逆効果で、「この点は少し思慮の足りない表現だな」という評価を下されるおそれがあります。

　したがって、上記のような内容を伝える表現としては、「FAO（国際連合食糧農業機関）のデータによると、2010年の小麦の世界生産量は、約6億4000万トンであり、そのうちアメリカの生産量は約6000万トン、中国の生産量は約1億1500万トンである」といった表現で十分であると私は思います。

　また、上記の〈FAOSTAT〉の統計数値を使って、「主要国の小麦生産量の推移」といった表を作成するような場合には、表の中に示す数値の単位を1万トンとか、10万トンにし、それ以下の数値は四捨五入で処理するなどの加工を施した表の作成が望ましいと考えます。

第VI章　論文の仕上げ

　論文をほぼ書き終えた段階で、最後の仕上げとしてなすべきことを1つ、2つ付け加えておきます。

　まずは、体裁の問題です。体裁の問題と言っても、とくに第V章「論文執筆に関する諸技法」において示した諸々の体裁を整える問題（具体的には、種々の表記・表現上の不統一をなくし、全体として統一を図ること）は、一応、解決済みの問題であるとして、ここでの問題は、卒業論文とか、修士論文などの仕上げとして、最後に全体の形式を整える作業です。

　それから最後の仕上げとしてもう1つ重要な問題は、改めて内容全体を見直すという作業です。

第1節　全体の形式を整える作業

　論文の仕上げに関して、最初に形式上の問題について触れておきたいと思います。とくに、卒業論文や学位論文の場合には〈表紙〉を付けることが必要ですし、また全体の内容を一覧できる〈目次〉が必要です。また、すでに述べたように、論文の末尾に〈引用・参考文献〉を付けることが望ましいと思います。

　〈表紙〉と〈目次〉について注意すべきことは、次のとおりです。

●表　紙

　卒業論文や修士論文などの表紙には、次ページの〈卒業論文の表紙見本〉にみられるように、少なくとも、論文標題、学部学科名（あるいは、大学院研究科・専攻名）、著者名、作成日ないしは提出日、指導教員名などの事項を記入することが必要です。

　大学によっては、表紙に記載すべき事項や表記スタイル等を定めたマニュアルが存在しますので、その場合には、そのマニュアルに基づいて表紙を作成することになります。

●目　次

　卒業論文や修士論文、博士論文の場合には、〈表紙〉と〈本文〉との間に、章・節のタイトル（見出し）を抜き出して作成した〈目次〉を付けることが必要です。

　〈目次〉のスタイルは、とくに定まっているわけではありませんので、すでに出版されている書物を参考にしながら、好みのスタイルを見つけだし、それに習って作成すればよいと思います。

　なお、〈目次〉に掲げた、章・節などのタイトルの後に、それぞれの章・節などの開始ページを明記しておくことも必要です。このガイドブックにも〈目次〉がありますので、それも１つの参考例としていただければと思います。

〈卒業論文の表紙見本〉

ＷＴＯ農業協定と日本の食料安全保障

○○大学○○学部○○学科

桜丘　花子

（学籍番号）

20XX年１月30日

指導教員：○○　○○

第2節　内容全体の見直し作業 ── 修正と校正 ──

　論文作成のいちばん最後に行なう総仕上げともいうべき作業は、内容全体の見直し作業です。この作業は、考えてみると最も重要な作業であり、また際限のない作業でもあるのですが、私自身の経験を振り返りながら、気づいた点を述べておきたいと思います。

●**読み返し、余分な部分を削り取る作業を！**

　私自身の経験をお話しすると、草稿を書き終えた段階から本当の論文作成の作業が始まる、と言ってもよいようなところがありました。言い古された言葉ですが、まさに〈推敲〉を重ねる作業がそれで、時間のある限り読み返し、論文を書き換え、修正していく作業です。

　とは言っても、『論文・レポートのまとめ方』（ちくま新書、1997年）の著者である古郡廷治氏が、「文章は自分の分身みたいなものである。しかし、自分を客観的にみるのはむずかしいことから、文章の間違いや欠点にはなかなか気づかないものである」（古郡 1997：38）と述べておられるように、自分で書いた論文の内容や文章の欠陥を見つけることは大変難しいことです。けれども、自分の書いた論文の内容や文章の欠陥を少しでも減らしていく努力を続けなければなりません。どのようにしてその欠陥を見つけるのか、また修正作業はどのようにすべきか、それが問題です。

　私自身の経験で言いますと、さしあたり次の2つのことを心掛けるべきである、と思います。

①書き終えた草稿を読み返すとき、少し声をあげながら読み返してみること。
②修正作業は、草稿から余分な部分を削り取ることを中心に進めること。

　先に述べたように、自分の書いた文章の欠陥を探し出すことはなかなか困難ですが、そうした中で①の声をあげながら読み返すということは、意外と自分の文章の欠陥、とりわけ文章の基本である〈てにをは〉の使い方の間違いを発見するのに有効であるように思います。私自身の経験で言いますと、書き終えたワープロ草稿を絶えず持ち歩き、原稿締切りの間近まで、通勤途上の電車やバスの中、ときにはひとりで食べる昼食時間中でさえも、つぶやきながら読み返すことによって、わずかではあれ、文章上の間違いや欠陥を取り除くことができたように思っています。

またそのことと同時に、書き終えた草稿をできる限り縮める、すなわち余分な部分を削り取るという修正作業をすることが、論文の完成度を高めるためには必要であると思います。研究者は誰しもそれなりの努力をして知り得たこと、考えついたことを、つい論じたいと思うのですが、その結果、意外と文章は冗長になり、かえって本来主張すべき論点がぼやけてしまう、といったことが起こるのです。

　私ごとですが、30代の頃に400字詰め原稿用紙で約200枚の経済理論に関する研究論文を書いたことがあります。その論文は、ほとんどそのままの分量で、大学の紀要に2回に分けて掲載していただくことができたのですが、しかしその後、私の恩師のひとりから「この論文の論点のうち最も主張したい点に焦点を絞って、50枚ほどの新しい論文を書くように」というアドバイスをいただき、その作業を行なったことがあります。

　200枚近い分量の論文をもとに約4分の1の分量の論文へと修正していくのですから、大変苦労しましたが、余分なところを削り落とす作業を通じて、それまでは明確に主張できなかったような論点や、気づかなかった新たな論点が見えてきて、結果として、後にかなりの研究者から検討対象として取り上げられるような、引き締まった論文を完成させることができたことを覚えています。

　ともあれ、最後の仕上げの作業として、〈余分なところを削り取る〉という考えを念頭に置いた修正作業が必要であると思います。

●可能であれば、他の人に草稿を読んで貰うこと

　どんなに注意を払っても、自分の書いた論文の欠陥を余すところなく見つけだし、修正することには限界があります。それは、自分を客観化することがなかなかできないからです。その限界を補うための最善の方法は、他の人に草稿を読んで貰う、という方法です。

　とはいえ、草稿を読んで貰う人は誰でもよい、というわけにはいきません。やはり、その内容をある程度判断できる人でなければなりません。ということになると、予め読んで貰える人は限られてしまいます。大学院生の立場にあるような若い研究者にとって、草稿に目を通し、アドバイスをいただくことのできる人というと、指導教員ということにならざるを得ないでしょう。

　指導教員の側からすると、他の研究者の草稿に目を通し、一定のアドバイスをするためには、かなりの時間や精力を必要とします。そのことを考えると、指導教員に草稿を読んで貰うことは、若い研究者からすると頼みづらい一面がある、ということに

なるのかもしれませんが、そんなことに臆することなく、若い研究者は可能な限り指導教員にお願いして草稿に目を通して貰い、適切なアドバイスを受けるべきです。指導教員に礼を尽くしてお願いすれば、必ず目を通していただけるはずです。

● 最後に〈校正〉という作業を

　ワープロで作成した卒業論文や修士論文、博士論文は、プリンターで印刷し、製本業者に依頼して製本すれば、立派な1冊の本になります。そうした製本済みの論文のうち、とくに博士論文については、2013（平成25）年3月に至るまでは、学位を授与した大学から国立国会図書館にその1部が送付され、国立国会図書館を通じて広く一般に公開されるという方法がとられてきました。しかし、2013年4月以降、その方法が少し変わり、現在では、文部科学省の省令によって、博士号を授与した大学が、自らの大学で構築している「学術機関リポジトリ」と呼ばれる〈知的生産物を電子形態で集積・保存・公開するシステム〉を通じて、博士論文を公表することが義務づけられています。そのようにして公表された博士論文は、さらに国立国会図書館によって収集され、国立国会図書館を通じても公表されるようになっています。

　つまり、現在ではインターネットを通じて、より多くの人が博士論文に目を通すことができるようになっていますので、そのことを考えると、とくに博士論文については、完成に向けて内容の推敲はもちろんのこと、用語の転換ミス、脱字、用語の不統一、さらには種々の表記スタイルの不統一などをなくしていく努力を可能な限り続ける必要があります。そうした最終的な点検作業、それが〈校正〉です。

　この〈校正〉という作業も際限がありません。先に述べた内容および文章表現上の欠陥をなくす作業も重要な校正作業ですが、最後に、少なくとも以下のような点に留意した校正作業を進めることが必要です。

①章・節のスタイルの確認（章・節のタイトルの書体、文字のポイント、章・節の通し番号などの表記に混乱や欠落、不統一がないかを確認する）。
②図・表のキャプション（タイトル）のスタイル確認（キャプションの書体、文字のポイント、図表の通し番号などの表記に混乱や欠落、不統一がないかを確認する）。
③〈目次〉に示した章・節のタイトルと、本文中の章・節のタイトルとを照合し、間違いのないことを確認すること（加えて、目次に表記されている章・節の開始ページと本文中の章・節の開始ページとが整合していることを確認すること）。
④本文中の注記号のスタイル、通し番号に混乱や不統一がないかを確認すること。

⑤気になる用語の検索作業を行ない、用語の不統一をなくすこと。
⑥引用・参考文献表記に混乱や不統一がないかを確認すること。

　ここに挙げた項目は、最終点検としての必要最小限の作業項目です。これらの項目の確認作業を行なう際、確認ミスを防ぐための秘訣は、〈章タイトルの書体〉の確認作業であれば、その作業項目のみに限定して確認作業を行なうことです。〈章タイトルの書体〉の確認作業に加えて、〈章の通し番号〉の確認作業、〈節タイトルの書体〉の確認作業など、2つ、3つの確認作業を同時に行なおうとすると、見落としが生じる可能性は高まっていきます。

　人間の注意力には限りがあるということを肝に銘じて、1つずつ確認作業を進めていくことが、ミスのない校正作業を行なう秘訣です。そのような個別の確認作業を確実に行なうためには、①～⑥において述べた確認作業項目をさらに細分化し、簡単な項目別の〈確認作業チェック表〉を予め作成し、そのチェック表を使いながら、項目ごとに作業を進めることが望ましいと思われます。

　また、ワープロ・ソフトには〈検索機能〉という優れた機能が存在します。その機能もうまく使いながら、少しでも統一のとれた、読みやすい論文に仕上げる努力を、最後まで続けて欲しいと思います。

おわりに

　論文の作成に当たって注意すべきことはまだたくさんあるかと思いますが、以上で卒業論文や学位論文の作成に取りかかろうとする者が知っておくべき基本的な事柄は網羅できているように思います。

　研究者の中には、《論文の善し悪しは内容で決まるのであって体裁ではない》と言って、原稿の書き方や体裁などにあまり注意を払わない人もみられます。確かに論文の善し悪しは〈内容〉によるのですが、しかし、体裁を整えることも論文をより良いものにするための１つの要件だと思います。というのは、体裁の整った論文は、読みやすく、理解されやすい形になっているからです。また、体裁を整えることに注意を払うことのできる人は、内容についてもおそらく注意を払って最善を尽くそうとするからです。

　ともあれ、このガイドブックが卒業論文や学位論文の作成で悩む人たちの問題解決に少しでも役立てば、私としては望外の喜びです。

論文作成技法に関する主要参考文献

石原千秋（2006）『大学生の論文執筆法』ちくま新書

小笠原喜康（2002）『大学生のためのレポート・論文術』講談社現代新書

斉藤孝＝西岡達裕（2005）『学術論文の技法〔新訂版〕』日本エディタースクール出版部

澤田昭夫（1977）『論文の書き方』講談社学術文庫

新堀聰（2002）『評価される博士・修士・卒業論文の書き方・考え方』同文舘出版

日本エディタースクール編（2011）『標準校正必携（第8版)』日本エディタースクール出版部

古郡廷治（1992）『論文・レポートの文章作法』有斐閣新書

古郡廷治（1997）『論文・レポートのまとめ方』ちくま新書

本多勝一（2015）『〈新版〉日本語の作文技術』朝日新聞出版

約物（記述記号）の名称

-	ハイフン	.	ピリオド
–	二分ダーシ／二分ダーシュ	・	中黒／中ポツ
⹀	二分二重ダーシ	:	コロン
―	全角ダーシ／全角ダーシュ	;	セミコロン
⹀	二重ダーシ／二重ダーシュ	*	アステリスク／星印
――	二倍ダーシ／二倍ダーシュ	※	米印
～	波型／波ダーシ／波ダーシュ	§	セクション／章標／節記号
…	三点リーダー	†	ダガー／短剣符
ー	音引／長音符／長音記号	¶	パラグラフ／段落記号
（ ）	カッコ／パーレン	@	アットマーク
〔 〕	亀甲パーレン	☆	白星／白スター
【 】	すみ付きパーレン	★	黒星／黒スター
[ ]	ブラケット	&	アンパサンド
{ }	ブレース	#	ナンバー／井げた／番号記号
〈 〉	山がた／山カッコ	$	ドル／ドル記号
《 》	二重山がた／二重山カッコ	¢	セント／セント記号
< >	不等号	£	ポンド／ポンド記号
「 」	かぎ／かぎカッコ	¥	円マーク／円記号
『 』	二重かぎ／二重かぎカッコ	€	ユーロ／ユーロ記号
、	読点／テン	' '	シングル・クォーテーション
。	句点／マル	" "	ダブル・クォーテーション
，	コンマ／カンマ		

（出所）日本エディタースクール編『標準校正必携（第8版）』日本エディタースクール出版部、2011年、289-292頁、ほか。

付　録

〈付録１〉「『異字同訓』の漢字の使い分け例」（文化審議会国語分科会報告）
〈付録２〉「送り仮名の付け方」（内閣告示）

〈付録1〉

「異字同訓」の漢字の使い分け例

［文化審議会国語分科会報告　2014年提示］

前書き

1　この「「異字同訓」の漢字の使い分け例」（以下「使い分け例」という。）は、常用漢字表に掲げられた漢字のうち、同じ訓を持つものについて、その使い分けの大体を簡単な説明と用例で示したものである。
2　この使い分け例は、昭和47年6月に国語審議会が「当用漢字改定音訓表」を答申するに際し、国語審議会総会の参考資料として、同審議会の漢字部会が作成した「「異字同訓」の漢字の用法」と、平成22年6月の文化審議会答申「改定常用漢字表」の「参考」として、文化審議会国語分科会が作成した「「異字同訓」の漢字の用法例（追加字種・追加音訓関連）」を一体化し、現在の表記実態に合わせて一層使いやすく分かりやすいものとなるよう作成したものである。作成に当たっては、簡単な説明を加えるとともに必要な項目の追加及び不要な項目の削除を行い、上記の資料に示された使い分けを基本的に踏襲しつつ、その適切さについても改めて検討した上で必要な修正を加えた。
3　同訓の漢字の使い分けに関しては、明確に使い分けを示すことが難しいところがあることや、使い分けに関わる年代差、個人差に加え、各分野における表記習慣の違い等もあることから、ここに示す使い分け例は、一つの参考として提示するものである。したがって、ここに示した使い分けとは異なる使い分けを否定する趣旨で示すものではない。また、この使い分け例は、必要に応じて、仮名で表記することを妨げるものでもない。
4　常用漢字表に掲げられた複数の同訓字の使い分けの大体を示すものであるから、例えば、常用漢字表にある「預かる」と、常用漢字表にない「与（あずか）る」とのような、同訓の関係にあっても、一方が常用漢字表にない訓である場合は取り上げていない。また、例えば、「かたよる」という語の場合に、「偏る」と表記するか、「片寄る」と表記するか、「ひとり」という語の場合に、「独り」と表記するか、「一人」と表記するかなど、常用漢字1字の訓同士でない場合についても取り上げていない。

使い分け例の示し方及び見方

1　この使い分け例は、常用漢字表に掲げる同訓字のうち、133項目について示した。それぞれの項目は五十音順に並べてある。
2　項目に複数の訓が並ぶ場合は、例えば、「あがる・あげる」「うまれる・うむ」のように、五十音順に並べてある。
3　それぞれの項目ごとに、簡単な説明と用例を示すことで、使い分けの大体を示した。簡単な説明には、主として、その語の基本となる語義を挙げてある。また、そこで示した語義と用例とがおおむね対応するように、それぞれの順序を考慮して配列してある。例えば、項目「あてる」のうち、「当てる」は、

【当てる】触れる。的中する。対応させる。――胸に手を当てる。ボールを当てる。くじを当てる。仮名に漢字を当てる。

と示してある。この例では、「当てる」の語義「触れる」の用例として「胸に手を当てる。」、語義「的中する」の用例として「ボールを当てる。くじを当てる。」、語義「対応させる」の用例として「仮名に漢字を当てる。」がそれぞれ対応している。全ての項目の語義と用例は、このような考え方に基づいて並べてある。

　なお、この使い分け例では、同訓字の使い分けの大体を示すことが目的であるので、語義の示し方やその取上げ方についても、当該の目的に資する限りにおいて便宜的に示すものである。したがって、例えば、見出し語の「変える・変わる」の場合、それぞれの語に対応させて、語義を「前と異なる状態にする。前と異なる状態になる」とはせず、2語の共通語義という扱いで、「前と異なる状態になる」だけを示してある。

4　使い分けを示すのに、対義語を挙げることが有効である場合には、

のぼる
　【上る】（⇔下る）。
　【昇る】（⇔降りる・沈む）。

というように、「⇔」を用いてその対義語を示した。
　また、各項目の用例の中には、

　　小鳥が木の枝に止（留）まる＊。末永（長）く契る＊。

というように、括弧を付して示したものがある。これは、例えば、「括弧外の漢字」である「止」に代えて「括弧内の漢字」である「留」を用いることもできるということを示すものである。なお、このことは、括弧の付いていない漢字について、その漢字に代えて別の漢字を用いることを否定しようとする趣旨ではない。

5　必要に応じて使い分けの参考となる補足説明を示した。当該の補足説明が何に対する補足説明であるのかを明示するために、

①　【有る＊】（⇔無い）。備わる。所有する。ありのままである。
②　【足】足首から先の部分＊。歩く、走る、行くなどの動作に見立てたもの。
③　【会う】主に人と人が顔を合わせる。――　客と会う時刻。人に会いに行く。駅でばったり友人と会った＊。投票に立ち会う。二人が出会った場所＊＊。

というように、対象となる部分（①は「見出し語」、②は「語義」、③は「用例」）に「＊」を付した。また、③のように、1項目の中に、補足説明の対象となるものが二つある場合には、「＊」と「＊＊」を付して示した。補足説明には、

* 「勧める」と「薦める」の使い分けについては、例えば、「読書」といった行為（本を読む）をするように働き掛けたり、促したりする場合に「勧める」を用い、「候補者」や「良書」といった特定の人や物がそれにふさわしい、望ましいとして推薦する場合に「薦める」を用いる。

* 「校長をはじめ、教職員一同……」などという場合の「はじめ」については、多くの人や物の中で「主たるもの」の意で「始」を当てるが、現在の表記実態としては、仮名で書かれることも多い。

というように、使い分けの要点や、一般的な表記の実態などを必要に応じて示した。上記の「はじめ」の補足説明のように、常用漢字表にある訓であっても、漢字より仮名で書く方が一般的である場合などについても示した。なお、上記4で述べた用例中に括弧が付いているものについては、その全てに、「括弧　外の漢字」と「括弧内の漢字」の使い分けに関わる補足説明を示した。

（筆者注） 文化審議会国語分科会が作成した「『異字同訓』の漢字の用法例」では、「語義」と「用例」の区分は、「語義」を太字で表し、「用例」は細字で表すことによって区別されているが、この付録では、さらに語義と用例の間に「──」という記号を用いて、両者の区別を明確にすることとした。

本　表

あう
【会う】主に人と人が顔を合わせる。── 客と会う時刻。人に会いに行く。駅でばったり友人と会った＊。投票に立ち会う。二人が出会った場所＊＊。
【合う】一致する。調和する。互いにする。── 意見が合う。答えが合う。計算が合う。目が合う。好みに合う。部屋に合った家具。割に合わない仕事。会議で話し合う。幸運に巡り合う＊＊。
【遭う】思わぬことや好ましくない出来事に出くわす。── 思い掛けない反対に遭う。災難に遭う。にわか雨に遭う。
　＊「駅でばったり友人とあった」の「あう」については、「思わぬことに出くわす」という意で「遭」を当てることもあるが、「友人と顔を合わせる」という視点から捉えて、「会」を当てる　のが一般的である。
＊＊「出会う」は、「人と人が顔を合わせる」意だけでなく、「生涯忘れられない作品と出会う」のように、「その人にとって強い印象を受けたもの、価値あるものなどに触れる」意でもよく使われる。また、「事故の現場に出合う」や「二つの道路が出合う地点」のように、「思わぬことや好ましくない出来事に出くわす。合流する」意では「出合う」と表記することが多い。
　　「巡りあう」の「あう」についても、「互いに出くわす」意で「合」を当てるが、「出く

わす」ものが人同士の場合には「人と人が顔を合わせる」という視点から捉えて、「会」を当てることもできる。

あからむ
【赤らむ】赤くなる。——顔が赤らむ。夕焼けで西の空が赤らむ。
【明らむ】明るくなる。——日が差して部屋の中が明らむ。次第に東の空が明らんでくる。

あがる・あげる
【上がる・上げる】位置・程度などが高い方に動く。与える。声や音を出す。終わる。——二階に上がる。地位が上がる。料金を引き上げる。成果が上がる。腕前を上げる。お祝いの品物を上げる。歓声が上がる。雨が上がる。
【揚がる・揚げる】空中に浮かぶ。場所を移す。油で調理する。——国旗が揚がる。花火が揚(上)がる*。たこ揚げをして遊ぶ。船荷を揚げる。海外から引き揚げる。天ぷらを揚げる。
【挙がる・挙げる】はっきりと示す。結果を残す。執り行う。こぞってする。捕らえる。——例を挙げる。手が挙がる。勝ち星を挙げる。式を挙げる。国を挙げて取り組む。全力を挙げる。犯人を挙げる。
　＊「花火があがる」は、「空中に浮かぶ」花火の様子に視点を置いて「揚」を当てるが、「空高く上がっていく(高い方に動く)」花火の様子に視点を置いた場合には「上」を当てることが多い。

あく・あける
【明く・明ける】目が見えるようになる。期間が終わる。遮っていたものがなくなる。——子犬の目が明く。夜が明ける。年が明ける。喪が明ける。らちが明かない。
【空く・空ける】からになる。——席が空く。空き箱。家を空ける。時間を空ける。
【開く・開ける】ひらく。——幕が開く。ドアが開かない。店を開ける。窓を開ける。そっと目を開ける。

あし
【足】足首から先の部分*。歩く、走る、行くなどの動作に見立てたもの。——足に合わない靴。足の裏。足しげく通う。逃げ足が速い。出足が鋭い。客足が遠のく。足が出る。
【脚】動物の胴から下に伸びた部分。また、それに見立てたもの。——キリンの長い脚。脚の線が美しい。机の脚(足)*。
　＊「足」は、「脚」との対比においては「足首から先の部分」を指すが、「足を組む」「足を伸ばす」「手足が長い」など、「胴から下に伸びた部分」を指して用いる場合もある。「机のあし」に「足」を当てることができるのは、このような用い方に基づくものである。

あたい
【値】値打ち。文字や式が表す数値。—— 千金の値がある。称賛に値する。未知数xの値を求める。
【価】値段。価格。—— 手間に見合った価を付ける。

あたたかい・あたたかだ・あたたまる・あたためる
【温かい・温かだ・温まる・温める】冷たくない。愛情や思いやりが感じられる。—— 温かい料理。スープを温める。温かな家庭。心温まる話。温かい心。温かい人柄。温かいもてなし。
【暖かい・暖かだ・暖まる・暖める】寒くない（主に気象や気温で使う）。—— 日ごとに暖かくなる。暖かい日差し。暖かな毛布。暖まった空気。室内を暖める。

あつい
【熱い】温度がとても高く感じられる。感情が高ぶる。—— お茶が熱くて飲めない。熱い湯。熱くなって論じ合う。熱い声援を送る。熱い思い。
【暑い】不快になるくらい気温が高い。—— 今年の夏は暑い。暑さ寒さも彼岸まで。日中はまだまだ暑い。暑い部屋。暑がり屋。

あてる
【当てる】触れる。的中する。対応させる。—— 胸に手を当てる。ボールを当てる。くじを当てる。仮名に漢字を当てる。
【充てる】ある目的や用途に振り向ける。—— 建築費に充てる。後任に充てる。地下室を倉庫に充てる。
【宛てる】手紙などの届け先とする。—— 本社に宛てて送られた書類。手紙の宛先。

あと
【後】（⇔先・前）。順序や時間などが遅いこと。次に続くもの。—— 後の祭り。後から行く。後になり先になり。事故が後を絶たない。社長の後継ぎ。
【跡】通り過ぎた所に残された印。何かが行われたり存在したりした印。家督。—— 車輪の跡。船の通った跡。苦心の跡が見える。縄文時代の住居の跡。立つ鳥跡を濁さず。父の跡を継ぐ。旧家の跡継ぎ。
【痕】傷のように生々しく残る印。—— 壁に残る弾丸の痕。手術の痕。台風の爪痕。傷痕が痛む。

あぶら
【油】常温で液体状のもの（主に植物性・鉱物性）。—— 事故で油が流出する。ごま油で揚げる。火に油を注ぐ。水と油。
【脂】常温で固体状のもの（主に動物性）。皮膚から分泌される脂肪。—— 牛肉の脂。脂の多い切り身。脂ぎった顔。脂汗が出る。脂が乗る年頃。

あやしい
【怪しい】疑わしい。普通でない。はっきりしない。——挙動が怪しい。怪しい人影を見る。怪しい声がする。約束が守られるか怪しい。空模様が怪しい。
【妖しい】なまめかしい。神秘的な感じがする。——妖しい魅力。妖しく輝く瞳。宝石が妖しく光る。

あやまる
【誤る】間違う。——使い方を誤る。誤りを見付ける。言い誤る。
【謝る】わびる。——謝って済ます。落ち度を謝る。平謝りに謝る。

あらい
【荒い】勢いが激しい。乱暴である。——波が荒い。荒海。金遣いが荒い。気が荒い。荒療治。
【粗い】細かくない。雑である。——網の目が粗い。きめが粗い。粗塩。粗びき。仕事が粗い。

あらわす・あらわれる
【表す・表れる】思いが外に出る。表現する。表に出る。——喜びを顔に表す。甘えが態度に表れる。言葉に表す。不景気の影響が表れる。
【現す・現れる】隠れていたものが見えるようになる。——姿を現す。本性を現す。馬脚を現す。太陽が現れる。救世主が現れる。
【著す】本などを書いて世に出す。——書物を著す。

ある
【有る*】（⇔無い）。備わる。所有する。ありのままである。——有り余る才能。有り合わせの材料で作った料理。有り金。有り体に言えば。
【在る*】存在する。——財宝の在りかを探る。教育の在り方を論じる。在りし日の面影。
　＊「財源がある」「教養がある」「会議がある」「子がある」などの「ある」は、漢字で書く場合、「有」を、また、「日本はアジアの東にある」「責任は私にある」などの「ある」は「在」を当てるが、現在の表記実態としては、仮名書きの「ある」が一般的である。

あわせる
【合わせる】一つにする。一致させる。合算する。——手を合わせて拝む。力を合わせる。合わせみそ。時計を合わせる。調子を合わせる。二人の所持金を合わせる。
【併せる】別のものを並べて一緒に行う。——両者を併せ考える。交通費を併せて支給する。併せて健康を祈る。清濁併せのむ。

いく・ゆく
【行く】移動する。進む。過ぎ去る。——電車で行く。早く行こう。仕事帰りに図書館に行った。仕事がうまく行かない。行く秋を惜しむ。

【逝く】亡くなる。──彼が逝って3年たつ。安らかに逝った。多くの人に惜しまれて逝く。

いたむ・いためる
【痛む・痛める】肉体や精神に苦痛を感じる。──足が痛む。腰を痛める。今でも胸が痛む。借金の返済に頭を痛める。
【傷む・傷める】傷が付く。壊れる。質が劣化する。──引っ越しで家具を傷める。家の傷みがひどい。髪が傷む。傷んだ果物。
【悼む】人の死を嘆き悲しむ。──故人を悼む。親友の死を悼む。

いる
【入る】中にはいる。ある状態になる。──念入りに仕上げる。仲間入り。気に入る。恐れ入る。悦に入る。
【要る】必要とする。──金が要る。保証人が要る。親の承諾が要る。何も要らない。

うける
【受ける】与えられる。応じる。好まれる。──注文を受ける。命令を受ける。ショックを受ける。保護を受ける。相談を受ける。若者に受ける。
【請ける】仕事などを行う約束をする。──入札で仕事を請ける。納期を請け合う。改築工事を請け負う。下請けに出す。

うた
【歌】曲の付いた歌詞。和歌。──小学校時代に習った歌。美しい歌声が響く。古今集の歌。
【唄】邦楽・民謡など。──小唄の師匠。長唄を習う。馬子唄が聞こえる。

うたう
【歌う】節を付けて声を出す。──童謡を歌う。ピアノに合わせて歌う。
【謡う】謡曲をうたう。──謡曲を謡う。結婚披露宴で「高砂」を謡う。

うつ
【打つ】強く当てる。たたく。あることを行う。──くぎを打つ。転倒して頭を打つ。平手で打つ。電報を打つ。心を打つ話。碁を打つ。芝居を打つ。逃げを打つ。
【討つ】相手を攻め滅ぼす。──賊を討つ。あだを討つ。闇討ち。義士の討ち入り。相手を討ち取る。
【撃つ】鉄砲などで射撃する。──拳銃を撃つ。いのししを猟銃で撃つ。鳥を撃ち落とす。敵を迎え撃つ。

うつす・うつる
【写す・写る】そのとおりに書く。画像として残す。透ける。──書類を写す。写真を写

す。ビデオに写る＊。裏のページが写って読みにくい。

【映す・映る】画像を再生する。投影する。反映する。印象を与える。── ビデオを映す＊。スクリーンに映す。壁に影が映る。時代を映す流行語。鏡に姿が映る。彼の態度は生意気に映った。

＊「ビデオに写る」は、被写体として撮影され、画像として残ることであるが、その画像を再生して映写する場合は「ビデオを映す」と「映」を当てる。「ビデオに映る姿」のように、再生中の画像を指す場合は「映」を当てることもある。また、防犯ビデオや胃カメラなど、撮影と同時に画像を再生する場合も、再生する方に視点を置いて「ビデオに映る」と書くこともできる。

うまれる・うむ

【生まれる・生む】誕生する。新しく作り出す。── 京都に生まれる。子供が生まれる＊。下町の生まれ。新記録を生む。傑作を生む。

【産まれる・産む】母の体外に出る。── 予定日が来てもなかなか産まれない。卵を産み付ける。来月が産み月になる。

＊「子供がうまれる」については、「母の体外に出る（出産）」という視点から捉えて、「産」を当てることもあるが、現在の表記実態としては、「誕生する」という視点から捉えて、「生」を当てるのが一般的である。

うれい・うれえる

【憂い＊・憂える】心配すること。心を痛める。── 後顧の憂い。災害を招く憂いがある。国の将来を憂える。

【愁い＊・愁える】もの悲しい気持ち。嘆き悲しむ。── 春の愁い。愁いに沈む。友の死を愁える。

＊「うれい（憂い・愁い）」は、「うれえ（憂え・愁え）」から変化した言い方であるが、現在は、「うれい」が一般的である。

おかす

【犯す】法律や倫理などに反する。── 法を犯す。過ちを犯す。罪を犯す。ミスを犯す。

【侵す】領土や権利などを侵害する。── 国境を侵す。権利を侵す。学問の自由を侵す。

【冒す】あえて行う。神聖なものを汚す。── 危険を冒す。激しい雨を冒して行く。尊厳を冒す。

おくる

【送る】届ける。見送る。次に移す。過ごす。── 荷物を送る。声援を送る。送り状。卒業生を送る。順に席を送る。楽しい日々を送る。

【贈る】金品などを人に与える。── お祝いの品を贈る。感謝状を贈る。名誉博士の称号を贈る。

おくれる

【遅れる】時刻や日時に間に合わない。進み方が遅い。―― 完成が遅れる。会合に遅れる。手遅れになる。開発の遅れた地域。出世が遅れる。

【後れる】後ろになる。取り残される。―― 先頭から後(遅)れる*。人に後(遅)れを取る。気後れする。後れ毛。死に後れる。

　　＊「先頭からおくれる」については、「先頭より後ろの位置になる」という意で「後」を当てるが、「先頭より進み方が遅い」という視点から捉えて、「遅」を当てることもできる。また、「人におくれを取る」についても、このような考え方で、「後」と「遅」のそれぞれを当てることができる。

おこす・おこる

【起こす・起こる】立たせる。新たに始める。発生する。目を覚まさせる。―― 体を起こす。訴訟を起こす。事業を起こす*。持病が起こる。物事の起こり。やる気を起こす。事件が起こる。朝早く起こす。

【興す・興る】始めて盛んにする。―― 産業を興す。国が興る。没落した家を興す。

　　＊「事業をおこす」の「おこす」については、「新たに始める」意で「起」を当てるが、その事業を「(始めて)盛んにする」という視点から捉えて、「興」を当てることもできる。

おさえる

【押さえる】力を加えて動かないようにする。確保する。つかむ。手などで覆う。―― 紙の端を押さえる。証拠を押さえる。差し押さえる。要点を押さえる。耳を押さえる。

【抑える】勢いを止める。こらえる。―― 物価の上昇を抑える。反撃を抑える。要求を抑える。怒りを抑える。

おさまる・おさめる

【収まる・収める】中に入る。収束する。手に入れる。良い結果を得る。―― 博物館に収まる。目録に収める。争いが収まる。丸く収まる。手中に収める。効果を収める。成功を収める。

【納まる・納める】あるべきところに落ち着く。とどめる。引き渡す。終わりにする。―― 国庫に納まる。税を納める。社長の椅子に納まる。胸に納める。注文の品を納める。歌い納める。見納め。

【治まる・治める】問題のない状態になる。統治する。―― 痛みが治まる。せきが治まる。領地を治める。国内がよく治まる。

【修まる・修める】人格や行いを立派にする。身に付ける。―― 身を修める。学を修める。ラテン語を修める。

おす

【押す】上や横などから力を加える。―― ベルを押す。印を押す。横車を押す。押し付けがましい。

【推す】推薦する。推測する。推進する。—— 会長に推す。推して知るべしだ。計画を推し進める。

おそれ・おそれる
【恐れ・恐れる】おそろしいと感じる。—— 死への恐れが強い。報復を恐れて逃亡する。失敗を恐れるな。
【畏れ・畏れる】おそれ敬う。かたじけなく思う。—— 神仏に対する畏れ。師を畏れ敬う。畏（恐）れ多いお言葉＊。
【虞＊＊】心配・懸念。
　　＊「おそれ多いお言葉」の「おそれ」については、「かたじけなく思う」という意で「畏」を当てるが、「恐れ入る」「恐縮」などの語との関連から、「恐」を当てることも多い。
　　＊＊「公の秩序又は善良の風俗を害する虞がある ——（「日本国憲法」第82条）」というように、「心配・懸念」の意で用いる「おそれ」に対して「虞」を当てるが、現在の表記実態としては、「恐れ」又は「おそれ」を用いることが一般的である。

おどる
【踊る】リズムに合わせて体を動かす。操られる。—— 音楽に乗って踊る。盆踊り。踊り場。踊らされて動く。甘言に踊らされる。
【躍る】跳び上がる。心が弾む。—— 吉報に躍り上がって喜ぶ。小躍りする。胸が躍る思い。心躍る出来事。

おもて
【表】（⇔裏）。表面や正面など主だった方。公になること。家の外。—— 表と裏。表玄関。表参道。畳の表替え。表向き。不祥事が表沙汰になる。表で遊ぶ。
【面】顔。物の表面や外面。—— 面を伏せる。湖の面に映る山影。批判の矢面に立つ。

おりる・おろす
【降りる・降ろす】乗り物から出る。高い所から低い所へ移る。辞めさせる。—— 電車を降りる。病院の前で車から降ろす。高所から飛び降りる。月面に降り立つ。霜が降りる。主役から降ろされる。
【下りる・下ろす】上から下へ動く。切り落とす。引き出す。新しくする。—— 幕が下りる。肩の荷を下ろす。腰を下ろす。錠が下りる。許可が下りる。枝を下ろす。貯金を下ろす。下ろし立ての背広。書き下ろしの短編小説。
【卸す】問屋が小売店に売り渡す。—— 小売りに卸す。定価の6掛けで卸す。卸売物価指数。卸問屋を営む。卸値。

かえす・かえる
【返す・返る】元の持ち主や元の状態などに戻る。向きを逆にする。重ねて行う。—— 持ち主に返す。借金を返す。恩返し。正気に返る。返り咲き。手のひらを返す。言葉を返す。とんぼ返り。読み返す。思い返す。

【帰す・帰る】自分の家や元の場所に戻る。── 親元へ帰す。故郷へ帰る。生きて帰る。帰らぬ人となる。帰り道。

かえりみる
【顧みる】過ぎ去ったことを思い返す。気にする。── 半生を顧みる。家庭を顧みる余裕がない。結果を顧みない。
【省みる】自らを振り返る。反省する。── 我が身を省みる。自らを省みて恥じるところがない。

かえる・かわる
【変える・変わる】前と異なる状態になる。── 形を変える。観点を変える。位置が変わる。顔色を変える。気が変わる。心変わりする。声変わり。
【換える・換わる】物と物を交換する。── 物を金に換える。名義を書き換える。電車を乗り換える。現金に換わる。
【替える・替わる】新しく別のものにする。── 頭を切り替える。クラス替えをする。振り替え休日。図表を差し替える*。入れ替わる。日替わり定食。替え歌。
【代える・代わる】ある役割を別のものにさせる。── 書面をもって挨拶に代える。父に代わって言う。身代わりになる。投手を代える。余人をもって代え難い。親代わり。
　*「差しかえる」「入れかえる」「組みかえる」などの「かえる」については、「新しく別のものにする」意で「替」を当てるが、別のものと「交換する」という視点から捉えて、「換」を当てることもある。

かおり・かおる
【香り・香る】鼻で感じられる良い匂い。── 茶の香り。香水の香り。菊が香る。梅の花が香る。
【薫り・薫る】主に比喩的あるいは抽象的なかおり。── 文化の薫り。初夏の薫り。菊薫る佳日。風薫る五月。

かかる・かける
【掛かる・掛ける】他に及ぶ。ぶら下げる。上から下に動く。上に置く。作用する。── 迷惑が掛かる。疑いが掛かる。言葉を掛ける。看板を掛ける。壁掛け。お湯を掛ける。布団を掛ける。腰を掛ける。ブレーキを掛ける。保険を掛ける。
【懸かる・懸ける】宙に浮く。託す。── 月が中天に懸かる。雲が懸かる。懸（架）け橋*。優勝が懸かった試合。賞金を懸ける。命を懸けて戦う。
【架かる・架ける】一方から他方へ差し渡す。── 橋が架かる。ケーブルが架かる。鉄橋を架ける。電線を架ける。
【係る】関係する。── 本件に係る訴訟。名誉に係る重要な問題。係り結び。
【賭ける】賭け事をする。── 大金を賭ける。賭けに勝つ。危険な賭け。
　*「かけ橋」は、本来、谷をまたいで「宙に浮く」ようにかけ渡した、つり橋のようなも

ので、「懸」を当てるが、「一方から他方へ差し渡す」という視点から捉えて、「架」を当てることも多い。

かく
【書く】文字や文章を記す。——漢字を書く。楷書で氏名を書く。手紙を書く。小説を書く。日記を書く。
【描く】絵や図に表す。——油絵を描く。ノートに地図を描く。漫画を描く。設計図を描く。眉を描く。

かげ
【陰】光の当たらない所。目の届かない所。——山の陰。木陰で休む。日陰に入る。陰で支える。陰の声。陰口を利く。
【影】光が遮られてできる黒いもの。光。姿。——障子に影が映る。影も形もない。影が薄い。月影。影を潜める。島影が見える。

かた
【形】目に見える形状。フォーム。——ピラミッド形の建物。扇形の土地。跡形もない。柔道の形を習う。水泳の自由形。
【型】決まった形式。タイプ。——型にはまる。型破りな青年。大型の台風。2014年型の自動車。血液型。鋳型。

かたい
【堅い】中身が詰まっていて強い。確かである。——堅い材木。堅い守り。手堅い商売。合格は堅い。口が堅い。堅苦しい。
【固い】結び付きが強い。揺るがない。——団結が固い。固い友情。固い決意。固く信じる。頭が固い。
【硬い】(⇔軟らかい)。外力に強い。こわばっている。——硬い石。硬い殻を割る。硬い表現。表情が硬い。選手が緊張で硬くなっている。

かま
【釜】炊飯などをするための器具。——鍋と釜。釜飯。電気釜。風呂釜。釜揚げうどん。
【窯】焼き物などを作る装置。——炭を焼く窯。窯元に話を聞く。登り窯。

かわ
【皮】動植物の表皮。本質を隠すもの。——虎の皮。木の皮。面の皮が厚い。化けの皮が剥がれる。
【革】加工した獣の皮。——革のバンド。革製品を買う。革靴。なめし革。革ジャンパー。革細工。

かわく
【乾く】水分がなくなる。──空気が乾く。干し物が乾く。乾いた土。舌の根の乾かぬうちに。
【渇く】喉に潤いがなくなる。強く求める。──喉が渇く。渇きを覚える。心の渇きを癒やす。親の愛情に渇く。

きく
【聞く】音が耳に入る。受け入れる。問う。嗅ぐ。──話し声を聞く。物音を聞いた。うわさを聞く。聞き流しにする。願いを聞く。親の言うことを聞く。転居した事情を聞く。駅までの道を聞く。香を聞く。
【聴く】身を入れて耳を傾けて聞く。──音楽を聴く。国民の声を聴く。恩師の最終講義を聴く。

きく
【利く】十分に働く。可能である。──左手が利く。目が利く。機転が利く。無理が利く。小回りが利く。
【効く】効果・効能が表れる。──薬が効く。宣伝が効く。効き目がある。

きる
【切る】刃物で断ち分ける。つながりを断つ。──野菜を切る。切り傷。期限を切る。電源を切る。縁を切る。電話を切る。
【斬る】刀で傷つける。鋭く批判する。──武士が敵を斬（切）り捨てる＊。世相を斬る。
　＊「武士が敵をきり捨てる」の「きり捨てる」については、「刀で傷つける」意で「斬」を当てるが、「刃物で断ち分ける」意で広く一般に使われる「切」を当てることもできる。

きわまる・きわめる
【窮まる・窮める】行き詰まる。突き詰める。──進退窮まる。窮まりなき宇宙。真理を窮（究）める＊。
【極まる・極める】限界・頂点・最上に至る。──栄華を極める。不都合極まる言動。山頂を極める。極めて優秀な成績。見極める。
【究める】奥深いところに達する。──学を究（窮）める＊。
　＊「突き詰める」意で用いる「窮」と、「奥深いところに達する」意で用いる「究」については、「突き詰めた結果、達した状態・状況」と「奥深いところに達した状態・状況」とがほぼ同義になることから、この意で用いる「窮」と「究」は、どちらを当てることもできる。

こう
【請う】そうするように相手に求める。──認可を請う。案内を請（乞）う＊。紹介を請（乞）う＊。

【乞う】そうするように強く願い求める。──乞う御期待。命乞いをする。雨乞いの儀式。慈悲を乞う。
　＊「案内をこう」「紹介をこう」などの「こう」は、「そうするように相手に求める」意で「請」を当てるが、相手に対して「そうするようにお願いする」という意味合いを強く出したい場合には、「乞」を当てることもできる。

こえる・こす
【越える・越す】ある場所・地点・時を過ぎて、その先に進む。──県境を越える。峠を越す。選手としてのピークを越える。年を越す。度を越す。困難を乗り越える。勝ち越す。
【超える・超す】ある基準・範囲・程度を上回る。──現代の技術水準を超える建築物。人間の能力を超える。想定を超える大きな災害。10万円を超える額。１億人を超す人口。

こたえる
【答える】解答する。返事をする。──設問に答える。質問に対して的確に答える。名前を呼ばれて答える。
【応える】応じる。報いる。──時代の要請に応える。期待に応える。声援に応える。恩顧に応える。

こむ
【混む】混雑する。──電車が混（込）む＊。混（込）み合う店内＊。人混（込）みを避ける＊。
【込む】重なる。入り組む。──負けが込む。日程が込んでいる。仕事が立て込む。手の込んだ細工を施す。
　＊「混雑する」意では、元々、多くの人や物が重なるように１か所に集まる様子から「込む」と書かれてきたが、現在は、「混雑」という語との関連から「混む」と書く方が一般的である。

さがす
【探す】欲しいものを尋ね求める。──貸家を探す。仕事を探す。講演の題材を探す。他人の粗を探す。
【捜す】所在の分からない物や人を尋ね求める。──うちの中を捜す。犯人を捜す。紛失物を捜す。行方不明者を捜す。

さく
【裂く】破る。引き離す。──布を裂く。生木を裂く。二人の仲を裂く。岩の裂け目。切り裂く。
【割く】一部を分け与える。──時間を割く。事件の報道に紙面を割く。警備のために人手を割く。

さげる
【下げる】低くする。下に垂らす。――値段を下げる。室温を下げる。問題のレベルを下げる。等級を下げる。軒に下げる。
【提げる】つるすように手に持つ。――大きな荷物を手に提げる。手提げかばんで通学する。手提げ金庫。

さす
【差す】挟み込む。かざす。注ぐ。生じる。――腰に刀を差す。抜き差しならない状況にある。傘を差す。日が差す。目薬を差す。差しつ差されつ。顔に赤みが差す。嫌気が差す。魔が差す。
【指す】方向・事物などを明らかに示す。――目的地を指して進む。名指しをする。授業中に何度も指された。指し示す。
【刺す】とがった物を突き入れる。刺激を与える。野球でアウトにする。――針を刺す。蜂に刺される。串刺しにする。鼻を刺す嫌な臭い。本塁で刺される。
【挿す】細長い物を中に入れる。――花瓶に花を挿す。髪にかんざしを挿す。一輪挿し。

さます・さめる
【覚ます・覚める】睡眠や迷いなどの状態から元に戻る。――太平の眠りを覚ます。迷いを覚ます。目が覚める。寝覚めが悪い。
【冷ます・冷める】温度を下げる。高ぶった感情などを冷やす。――湯冷まし。湯が冷める。料理が冷める。熱が冷める。興奮が冷める。

さわる
【触る】触れる。関わり合う。――そっと手で触る。展示品に触らない。政治的な問題には触らない。
【障る】害や妨げになる。不快になる。――激務が体に障る。出世に障る。気に障る言い方をされる。

しずまる・しずめる
【静まる・静める】動きがなくなり落ち着く。――心が静まる。嵐が静まる。騒がしい場内を静める。気を静める。
【鎮まる・鎮める】押さえ付けて落ち着かせる。鎮座する。――内乱が鎮まる。反乱を鎮める。痛みを鎮める。せきを鎮める薬。神々が鎮まる。
【沈める】水中などに没するようにする。低くする。――船を沈める。ベッドに身を沈める。身を沈めて銃弾をよける。

しぼる
【絞る】ねじって水分を出す。無理に出す。小さくする。――手拭いを絞る。知恵を絞る。声を振り絞る。範囲を絞る。音量を絞る。
【搾る】締め付けて液体を取り出す。無理に取り立てる。――乳を搾る。レモンを搾った

汁。ゴマの油を搾る。年貢を搾り取られる。

しまる・しめる
- 【締まる・締める】緩みのないようにする。区切りを付ける。──ひもが締まる。帯を締める。ねじを締める。引き締まった顔。心を引き締める。財布のひもを締める。羽交い締め。売上げを月末で締める。申し込みの締め切り。
- 【絞まる・絞める】首の周りを強く圧迫する。──ネクタイで首が絞まって苦しい。柔道の絞め技。自らの首を絞める発言。
- 【閉まる・閉める】開いているものを閉じる。──戸が閉まる。カーテンが閉まる。蓋を閉める。店を閉める。扉を閉め切りにする。

すすめる
- 【進める】前や先に動かす。物事を進行させる。──前へ進める。時計を進める。交渉を進める。議事を進める。
- 【勧める*】そうするように働き掛ける。──入会を勧める。転地を勧める。読書を勧める。辞任を勧める。
- 【薦める*】推薦する。──候補者として薦める。良書を薦める。お薦めの銘柄を尋ねる。
  * 「勧める」と「薦める」の使い分けについては、例えば、「読書」といった行為（本を読む）をするように働き掛けたり、促したりする場合に「勧める」を用い、「候補者」や「良書」といった特定の人や物がそれにふさわしい、望ましいとして推薦する場合に「薦める」を用いる。

する
- 【刷る】印刷する。──名刺を刷る。新聞を刷る。版画を刷る。社名を刷り込む。刷り物。
- 【擦る】こする。──転んで膝を擦りむく。マッチを擦る。擦り傷。洋服が擦り切れる。

すわる
- 【座る】腰を下ろす。ある位置や地位に就く。──椅子に座る。上座に座る。社長のポストに座る。
- 【据わる】安定する。動かない状態になる。──赤ん坊の首が据わる。目が据わる。腹の据わった人物。

せめる
- 【攻める】攻撃する。──敵の陣地を一気に攻める。積極的に攻め込む。兵糧攻めにする。質問攻めにする。
- 【責める】非難する。苦しめる。──過失を責める。無責任な言動を責める。自らを繰り返し責める。拷問で責められる。

そう

【沿う】長く続いているものや決まりなどから離れないようにする。──川沿いの家。線路に沿って歩く。決定された方針に沿（添）って行動する＊。希望に沿（添）う＊。

【添う】そばに付いている。夫婦になる。──母に寄り添って歩く。病人の付き添い。仲むつまじく添い遂げる。連れ添う。

＊「沿う」は「決まりなどから離れないようにする」、「添う」は「そばに付いている」の意で、どちらも「その近くから離れない」という共通の意を持つため、「方針」や「希望」に「そう」という場合には、「沿」と「添」のどちらも当てることができる。

そなえる

【備える】準備する。具備する。──台風に備える。老後の備え。各部屋に消火器を備える。防犯カメラを備えた施設。

【供える】神仏などの前に物をささげる。──お神酒を供える。霊前に花を供える。鏡餅を供える。お供え物。

たえる

【耐える】苦しいことや外部の圧力などをこらえる。──重圧に耐える。苦痛に耐える。猛暑に耐える。風雪に耐える。困苦欠乏に耐える。

【堪える】その能力や価値がある。その感情を抑える。──任に堪える。批判に堪える学説。鑑賞に堪えない。見るに堪えない作品。憂慮に堪えない。遺憾に堪えない。

たずねる

【尋ねる】問う。捜し求める。調べる。──道を尋ねる。研究者に尋ねる。失踪した友人を尋ねる。尋ね人。由来を尋ねる。

【訪ねる】おとずれる。──知人を訪ねる。史跡を訪ねる。古都を訪ねる旅。教え子が訪ねてくる。

たたかう

【戦う】武力や知力などを使って争う。勝ち負けや優劣を競う。──敵と戦う。選挙で戦う。優勝を懸けて戦う。意見を戦わせる。

【闘う】困難や障害などに打ち勝とうとする。闘争する。──病気と闘う。貧苦と闘う。寒さと闘う。自分との闘い。労使の闘い。

たつ

【断つ】つながっていたものを切り離す。やめる。──退路を断つ。国交を断（絶）つ＊。関係を断（絶）つ＊。快刀乱麻を断つ。酒を断つ。

【絶つ】続くはずのものを途中で切る。途絶える。──縁を絶つ。命を絶つ。消息を絶つ。最後の望みが絶たれる。交通事故が後を絶たない。

【裁つ】布や紙をある寸法に合わせて切る。──生地を裁つ。着物を裁つ。紙を裁つ。裁

ちばさみ。
＊「国交をたつ」や「関係をたつ」の「たつ」については、「つながっていたものを切り離す」意で「断」を当てるが、「続くはずのものを途中で切る」という視点から捉えて、「絶」を当てることもできる。

たつ・たてる
【立つ・立てる】直立する。ある状況や立場に身を置く。離れる。成立する。── 演壇に立つ。鳥肌が立つ。優位に立つ。岐路に立つ。使者に立つ。席を立つ。見通しが立つ。計画を立てる。手柄を立てる。評判が立つ。相手の顔を立てる。

【建つ・建てる】建物や国などを造る。── 家が建つ。ビルを建てる。銅像を建てる。一戸建ての家。国を建てる。都を建てる。

たっとい・たっとぶ・とうとい・とうとぶ
【尊い・尊ぶ】尊厳があり敬うべきである。── 尊い神。尊い犠牲を払う。神仏を尊ぶ。祖先を尊ぶ。
【貴い・貴ぶ】貴重である。── 貴い資料。貴い体験。和をもって貴しとなす。時間を貴ぶ。

たま
【玉】宝石。円形や球体のもの。── 玉を磨く。玉にきず。運動会の玉入れ。シャボン玉。玉砂利。善玉悪玉。
【球】球技に使うボール。電球。── 速い球を投げる。決め球を持っている。ピンポン球。電気の球。
【弾】弾丸。── 拳銃の弾。大砲に弾を込める。流れ弾に当たって大けがをする。

つかう
【使う】人や物などを用いる。── 通勤に車を使う。電力を使う。機械を使って仕事をする。予算を使う。道具を使う。人間関係に神経を使う。頭を使う。人使いが荒い。大金を使う。体力を使う仕事。
【遣う】十分に働かせる。── 心を遣（使）う＊。気を遣（使）う＊。安否を気遣う。息遣いが荒い。心遣い。言葉遣い。仮名遣い。筆遣い。人形遣い。上目遣い。無駄遣い。金遣い。小遣い銭。
＊現在の表記実態としては、「使う」が広く用いられる関係で、「遣う」を動詞の形で用いることは少なく、「○○遣い」と名詞の形で用いることがほとんどである。特に、心の働き、技や金銭などに関わる「○○づかい」の場合に「遣」を当てることが多い。

つく・つける
【付く・付ける】付着する。加わる。意識などを働かせる。── 墨が顔に付く。足跡が付く。知識を身に付（着）ける＊。利息が付く。名前を付ける。条件を付ける。味

方に付く。付け加える。気を付ける。目に付く。

【着く・着ける】達する。ある場所を占める。着る。——手紙が着く。東京に着く。船を岸に着ける。車を正面玄関に着ける。席に着く。衣服を身に着ける。

【就く・就ける】仕事や役職、ある状況などに身を置く。——職に就く。役に就ける。床に就く。緒に就く。帰路に就く。眠りに就く。

＊「知識を身につける」の「つける」は、「付着する」意で「付」を当てるが、「知識」を「着る」という比喩的な視点から捉えて、「着」を当てることもできる。

つぐ

【次ぐ】すぐ後に続く。——事件が相次ぐ。首相に次ぐ実力者。富士山に次いで高い山。次の日。

【継ぐ】後を受けて続ける。足す。——跡を継ぐ。引き継ぐ。布を継ぐ。言葉を継ぐ。継ぎ目。継ぎを当てる。

【接ぐ】つなぎ合わせる。——骨を接ぐ。新しいパイプを接ぐ。接ぎ木。

つくる

【作る】こしらえる。——米を作る。規則を作る。新記録を作る。計画を作る。詩を作る。笑顔を作る。会社を作る。機会を作る。組織を作る。

【造る】大きなものをこしらえる。醸造する。——船を造る。庭園を造る。宅地を造る。道路を造る。数寄屋造りの家。酒を造る。

【創る＊】独創性のあるものを生み出す。——新しい文化を創（作）る。画期的な商品を創（作）り出す。

＊一般的には「創る」の代わりに「作る」と表記しても差し支えないが、事柄の「独創性」を明確に示したい場合には、「創る」を用いる。

つつしむ

【慎む】控え目にする。——身を慎む。酒を慎む。言葉を慎む。

【謹む】かしこまる。——謹んで承る。謹んで祝意を表する。

つとまる・つとめる

【勤まる・勤める】給料をもらって仕事をする。仏事を行う。——この会社は私には勤まらない。銀行に勤める。永年勤め上げた人。勤め人。本堂でお勤めをする。法事を勤める。

【務まる・務める】役目や任務を果たす。——彼には主役は務まらない。会長が務まるかどうか不安だ。議長を務める。親の務めを果たす。

【努める】力を尽くす。努力する。——完成に努める。解決に努める。努めて早起きする。

とかす・とく・とける

【解かす・解く・解ける】固まっていたものが緩む。答えを出す。元の状態に戻る。——結び目を解く。ひもが解ける。雪解け＊。相手の警戒心を解かす。問題が解け

97

る。緊張が解ける。誤解が解ける。包囲を解く。会長の任を解く。
【溶かす・溶く・溶ける】液状にする。固形物などを液体に入れて混ぜる。一体となる。
　　　──鉄を溶かす。雪や氷が溶（解）ける＊。チョコレートが溶ける。砂糖が水に溶ける。絵の具を溶かす。小麦粉を水で溶く。地域社会に溶け込む。
　＊「雪や氷がとける」の「とける」については、「雪や氷が液状になる」意で「溶」を当てるが、「固まっていた雪や氷が緩む」と捉えて「解」を当てることもできる。「雪解け」はこのような捉え方で「解」を用いるものである。

ととのう・ととのえる
【整う・整える】乱れがない状態になる。──体制が整う。整った文章。隊列を整える。身辺を整える。呼吸を整える。
【調う・調える】必要なものがそろう。望ましい状態にする。──家財道具が調う。旅行の支度を調える。費用を調える。味を調える。

とぶ
【飛ぶ】空中を移動する。速く移動する。広まる。順序どおりでなく先に進む。──鳥が空を飛ぶ。海に飛び込む。アメリカに飛ぶ。家を飛び出す。デマが飛ぶ。うわさが飛ぶ。途中を飛ばして読む。飛び級。飛び石。
【跳ぶ】地面を蹴って高く上がる。──溝を跳ぶ。三段跳び。跳び上がって喜ぶ。跳びはねる＊。うれしくて跳び回る。縄跳びをする。跳び箱。
　＊「跳」は、常用漢字表に「とぶ」と「はねる」の二つの訓が採られているので、「跳び跳ねる」と表記することができるが、読みやすさを考えて「跳びはねる」と表記することが多い。

とまる・とめる
【止まる・止める】動きがなくなる。──交通が止まる。水道が止まる。小鳥が木の枝に止（留）まる＊。笑いが止まらない。息を止める。車を止める。通行止め。止まり木。
【留まる・留める】固定される。感覚に残る。とどめる。──ピンで留める。ボタンを留める。目に留まる。心に留める。留め置く。局留めで送る。
【泊まる・泊める】宿泊する。停泊する。──宿直室に泊まる。友達を家に泊める。船が港に泊まる。
　＊「小鳥が木の枝にとまる」の「とまる」については、小鳥が飛ぶのをやめて「木の枝に静止する（動きがなくなる）」意で「止」を当てるが、「木の枝にとどまっている（固定される）」という視点から捉えて、「留」を当てることもできる。

とらえる
【捕らえる】取り押さえる。──逃げようとする犯人を捕らえる。獲物の捕らえ方。密漁船を捕らえる。
【捉える】的確につかむ。──文章の要点を捉える。問題の捉え方が難しい。真相を捉え

る。聴衆の心を捉える。

とる

【取る】手で持つ。手に入れる。書き記す。つながる。除く。―― 本を手に取る。魚を取（捕）る*。資格を取る。新聞を取る。政権を取る。年を取る。メモを取る。連絡を取る。着物の汚れを取る。疲れを取る。痛みを取る。

【採る】採取する。採用する。採決する。―― 血を採る。きのこを採る。指紋を採る。新入社員を採る。こちらの案を採る。会議で決を採る。

【執る】手に持って使う。役目として事に当たる。―― 筆を執る。事務を執る。指揮を執る。政務を執る。式を執り行う。

【捕る】つかまえる。―― ねずみを捕る。鯨を捕る。外野フライを捕る。生け捕る。捕り物。

【撮る】撮影する。―― 写真を撮る。映画を撮る。ビデオカメラで撮る。

＊「魚をとる」の「とる」は「手に入れる」という意で「取」を当てるが、「つかまえる」という視点から捉えて、「捕」を当てることもできる。

ない

【無い*】（⇔有る・在る）。存在しない。所有していない。―― 有ること無いこと言い触らす。無くて七癖。無い袖は振れぬ。無い物ねだり。

【亡い】死んでこの世にいない。―― 今は亡い人。友人が亡くなる。亡き父をしのぶ。

＊「今日は授業がない」「時間がない」「金がない」などの「ない」は、漢字で書く場合、「無」を当てるが、現在の表記実態としては、仮名書きの「ない」が一般的である。

なおす・なおる

【直す・直る】正しい状態に戻す。置き換える。―― 誤りを直す。機械を直す。服装を直す。故障を直す。ゆがみが直る。仮名を漢字に直す。

【治す・治る】病気やけがから回復する。―― 風邪を治す。けがが治る。傷を治す。治りにくい病気。

なか

【中】（⇔外）。ある範囲や状況の内側。中間。―― 箱の中。家の中。クラスの中で一番足が速い。嵐の中を帰る。両者の中に入る。

【仲】人と人との関係。―― 仲がいい。仲を取り持つ。仲たがいする。話し合って仲直りする。犬猿の仲。

ながい

【長い】（⇔短い）。距離や時間などの間隔が大きい。―― 長い髪の毛。長い道。長い年月。気が長い。枝が長く伸びる。長続きする。長い目で見る。

【永い】永久・永遠と感じられるくらい続くさま。―― 永い眠りに就く。永の別れ。永くその名を残す。永のいとまを告げる。末永（長）く契る*。

＊時間の長短に関しては、客観的に計れる「長い」に対して、「永い」は主観的な思いを込めて使われることが多い。「末ながく契る」は、その契りが「永久・永遠と感じられるくらい続く」ようにという意で「永」を当てるが、客観的な時間の長さという視点から捉えて、「長」を当てることもできる。

ならう
【習う】教わる。繰り返して身に付ける。──先生にピアノを習う。英語を習う。習い覚えた技術。習い性となる。見習う。
【倣う】手本としてまねる。──前例に倣う。西洋に倣った法制度。先人のひそみに倣う。右へ倣え。

におい・におう
【匂い・匂う】主に良いにおい。──梅の花の匂い。香水がほのかに匂う。
【臭い・臭う】主に不快なにおいや好ましくないにおい。──魚の腐った臭い。生ごみが臭う。ガスが臭う。

のせる・のる
【乗せる・乗る】乗り物に乗る。運ばれる。応じる。だます。勢い付く。──バスに乗る。タクシーに乗せて帰す。電車に乗って行く。電波に乗せる。風に乗って飛ぶ。時流に乗る。相談に乗る。口車に乗せられる。図に乗る。
【載せる・載る】積む。上に置く。掲載する。──自動車に荷物を載せる。棚に本を載せる。机に載っている本。新聞に載った事件。雑誌に広告を載せる。名簿に載る。

のぞむ
【望む】遠くを眺める。希望する。──山頂から富士を望む。世界の平和を望む。自重を望む。多くは望まない。
【臨む】面する。参加する。対する。──海に臨む部屋。式典に臨む。試合に臨む。厳罰をもって臨む。難局に臨む。

のばす・のびる・のべる
【伸ばす・伸びる・伸べる】まっすぐする。増す。そのものが長くなる。差し出す。──手足を伸ばす。旅先で羽を伸ばす。伸び伸びと育つ。勢力を伸ばす。輸出が伸びる。学力が伸びる。草が伸びる。身長が伸びる。救いの手を差し伸べる。
【延ばす・延びる・延べる】遅らす。つながって長くなる。重複も認め合計する。広げる。──出発を延ばす。開会を延ばす。支払いが延び延びになる。地下鉄が郊外まで延びる。寿命が延びる。終了時間が予定より10分延びた。延べ１万人の観客。金の延べ棒。

のぼる
【上る】(⇔下る)。上方に向かう。達する。取り上げられる。──階段を上る。坂を上

る＊。川を上る。出世コースを上る。上り列車。損害が１億円に上る。話題に上る。うわさに上る。食卓に上る。

【登る】自らの力で高い所へと移動する。――山に登る。木に登る。演壇に登る。崖をよじ登る＊。富士山の登り口。

【昇る】(⇔降りる・沈む)。一気に高く上がる。――エレベーターで昇る＊。日が昇(上)る＊。天に昇(上)る＊。高い位に昇る。

＊「坂を上る」「崖をよじ登る」「エレベーターで昇る」の「上る」「登る」「昇る」は、「上の方向に移動する」という意では共通している。この意で使う「上る」は広く一般に用いるが、「登る」は急坂や山道などを一歩一歩確実に上がっていく様子、「昇る」は一気に上がっていく様子を表すのに用いることが多い。また、「日がのぼる」「天にのぼる」の「のぼる」に「昇」と「上」のどちらも当てることができるのは、このような捉え方に基づくものである。

なお、ケーブルカーなどで山にのぼる場合にも「登」を当てるのは、「登山」という語との関係やケーブルカーなどを自らの足に代わるものとして捉えた見方による。

はえ・はえる

【映え・映える】光を受けて照り輝く。引き立って見える。――夕映え。紅葉が夕日に映える。紺のスーツに赤のネクタイが映える。

【栄え・栄える】立派に感じられる。目立つ。――栄えある勝利。見事な出来栄え。見栄えがする。栄えない役回り。

はかる

【図る】あることが実現するように企てる。――合理化を図る。解決を図る。身の安全を図る。再起を図る。局面の打開を図る。便宜を図る。

【計る】時間や数などを数える。考える。――時間を計る。計り知れない恩恵。タイミングを計る。頃合いを計って発言する。

【測る】長さ・高さ・深さ・広さ・程度を調べる。推測する。――距離を測る。標高を測る。身長を測る＊。水深を測る。面積を測る。血圧を測る。温度を測る。運動能力を測る。測定器で測る。真意を測りかねる。

【量る】重さ・容積を調べる。推量する。――重さを量る。体重を量る＊。立体の体積を量る。容量を量る。心中を推し量る。

【謀る】良くない事をたくらむ。――暗殺を謀る。悪事を謀る。会社の乗っ取りを謀る。競争相手の失脚を謀る。

【諮る】ある問題について意見を聞く。――審議会に諮る。議案を委員会に諮る。役員会に諮って決める。

＊「身長と体重をはかる」という場合の「はかる」は、「測定する」と言い換えられることなどから、「量る」よりも「測る」を用いる方が一般的である。

はじまる・はじめ・はじめて・はじめる

【初め・初めて】ある期間の早い段階。最初。先の方のもの。――初めはこう思った。秋

の初め。年の初め。初めて聞いた話。初めてお目に掛かる。初めての経験。初めからやり直す。初めの曲の方がいい。

【始まる・始め・始める】開始する。始めたばかりの段階。物事の起こり。主たるもの。—— 懇親会が始まる。仕事を始める。書き始める。手始め。仕事始め。始めと終わり。国の始め。人類の始め。校長を始め、教職員一同 …… ＊。

＊「校長をはじめ、教職員一同 ……」などという場合の「はじめ」については、多くの人や物の中で「主たるもの」の意で「始」を当てるが、現在の表記実態としては、仮名で書かれることも多い。

はな

【花】植物の花（特に桜の花）。花のように人目を引くもの。—— 花が咲く。花を生ける。花も実もない。花道を飾る。両手に花。花の都。花形。

【華】きらびやかで美しい様子。本質を成す最も重要な部分。—— 華やかに着飾る。華やかに笑う。華々しい生涯。国風文化の華。武士道の華。

はなす・はなれる

【離す・離れる】距離や間隔が広がる。離脱する。—— 間を離す。ハンドルから手を離す。切り離す。駅から遠く離れた町。離れ島。離れ離れになる。戦列を離れる。職を離れる。

【放す・放れる】拘束や固定を外す。放棄する。—— 鳥を放す。魚を川に放す。違法駐車を野放しにする。放し飼い。手放しで褒める。矢が弦を放れる。見放す。

はやい・はやまる・はやめる

【早い・早まる・早める】時期や時刻が前である。時間が短い。予定よりも前になる。—— 時期が早い。早く起きる。気が早い。早変わり。早口。矢継ぎ早。早まった行動。順番が早まる。出発時間が早まる。開会の時刻を早める。

【速い・速まる・速める】スピードがある。速度が上がる。—— 流れが速い。投手の球が速い。テンポが速い。改革のスピードが速まる。回転を速める。脈拍が速まる。足を速める。

はる

【張る】広がる。引き締まる。取り付ける。押し通す。—— 氷が張る。根が張る。策略を張り巡らす。気が張る。張りのある声。テントを張る。テニスのネットを張る。板張りの床。論陣を張る。強情を張る。片意地を張る。

【貼る】のりなどで表面に付ける。—— ポスターを貼る。切手を貼り付ける。貼り紙。貼り薬。壁にタイルを貼（張）る＊。

＊「タイルをはる」の「はる」については、「タイルをのりなどで表面に付ける」という意で「貼」を当てるが、「板張りの床」などと同様、「タイルを壁や床一面に取り付ける（敷き詰める）」意では、「張」を当てることが多い。

ひく
【引く】近くに寄せる。線を描く。参照する。やめる。注意や関心などを向けさせる。──
　　　綱を引く。水道を引く。田に水を引く。引き金を引く。風邪を引く。けい線を
　　　引く。設計図を引く。辞書を引く。例を引く。身を引く。人目を引く。同情を引
　　　く。
【弾く】弦楽器や鍵盤楽器を奏でる。── ピアノを弾く。バイオリンを弾く。ショパンの
　　　曲を弾く。ギターの弾き語り。弾き手。

ふえる・ふやす
【増える・増やす】(⇔減る・減らす)。数や量が多くなる。── 人数が増える。体重が増
　　　える。出費が増える。資本金を増やす。仲間を増やす。
【殖える*・殖やす*】財産や動植物が多くなる。── 資産が殖える。財産を殖やす。ね
　　　ずみが殖える。家畜を殖やす。株分けで殖やす。
　　　　*「利殖・繁殖」という語との関係を意識して「殖える・殖やす」と「殖」を当てるが、
　　　　現在の表記実態としては、「利殖・繁殖」の意で用いる場合も「資産が増える」
　　　　「家畜を増やす」など、「増」を用いることが多い。

ふく
【吹く】空気が流れ動く。息を出す。表面に現れる。── そよ風が吹く。口笛を吹く。鯨
　　　が潮を吹(噴)く*。干し柿が粉を吹く。吹き出物。不満が吹(噴)き出す*。
　　　汗が吹(噴)き出る*。
【噴く】気体や液体などが内部から外部へ勢いよく出る。── 火山が煙を噴く。エンジン
　　　が火を噴く。石油が噴き出す。火山灰を噴き上げる。
　　　　*「鯨が潮をふく」は、鯨が呼気とともに海水を体外に出すところに視点を置いた場合は
　　　　「吹」を、体内から体外に勢いよく出るところに視点を置いた場合は「噴」を当てる。
　　　　　また、「不満」や「汗」が「表面に現れる」とき、その現れ方の激しさに視点を置いた
　　　　場合には「噴」を当てることもできる。

ふける
【更ける】深まる。── 深々と夜が更ける。秋が更ける。夜更かしする。
【老ける】年を取る。── 年の割には老けて見える。老け込む。この１、２年で急に老け
　　　た。

ふね
【船*】比較的大型のもの。── 船の甲板。船で帰国する。船旅。親船。船乗り。船賃。
　　　船荷。船会社。船出。船酔い。釣り船(舟)**。渡し船(舟)**。
【舟】主に小型で簡単な作りのもの。── 舟をこぐ。小舟。ささ舟。丸木舟。助け舟
　　　(船)を出す**。
　　　　*「船」は、「舟」と比べて、「比較的大型のもの」に対して用いるが、「船旅。船乗り。船
　　　　賃。船会社。船出」など、「ふね」に関わる様々な語についても広く用いられる。

**「釣り船」「渡し船」は、動力を使わない小型の「ふね」の場合は、「釣り舟」「渡し舟」と表記することが多い。また、「助けぶね」は救助船の意で使う場合は「助け船」、比喩的に助けとなるものという意で使う場合は「助け舟」と表記することが多い。

ふるう
【振るう】盛んになる。勢いよく動かす。―― 士気が振るう。事業が振るわない。熱弁を振るう。権力を振るう。
【震う】小刻みに揺れ動く。―― 声を震わせる。決戦を前に武者震いする。思わず身震いする。
【奮う】気力があふれる。―― 勇気を奮って立ち向かう。奮って御参加ください。奮い立つ。奮い起こす。

ほか
【外】ある範囲から出たところ。―― 思いの外うまく事が運んだ。想像の外の事件が起こる。もっての外。
【他】それとは異なるもの。―― 他の仕事を探す。この他に用意するものはない。他の人にも尋ねる。

まざる・まじる・まぜる
【交ざる・交じる・交ぜる】主に、元の素材が判別できる形で一緒になる。―― 芝生に雑草が交ざっている。漢字仮名交じり文。交ぜ織り。カードを交ぜる。白髪交じり。子供たちに交ざって遊ぶ。小雨交じりの天気。
【混ざる・混じる・混ぜる】主に、元の素材が判別できない形で一緒になる。―― 酒に水が混ざる。異物が混じる。雑音が混じる。コーヒーにミルクを混ぜる。セメントに砂を混ぜる。絵の具を混ぜる。

まち
【町】行政区画の一つ。人家が多く集まった地域。―― 町と村。○○町。町役場。町ぐるみの歓迎。城下町。下町。町外れ。
【街】商店が並んだにぎやかな通りや地域。―― 街を吹く風。学生の街。街の明かりが恋しい。街の声。街角に立つ。

まるい
【丸い】球形である。角がない。―― 丸いボール。地球は丸い。背中が丸くなる。角を丸く削る。丸く収める。
【円い】円の形である。円満である。―― 円（丸）い窓*。円（丸）いテーブル*。円（丸）く輪になる*。円い人柄。
　*窓やテーブル、輪の形状が円形である場合に「円い」と「円」を当てるが、現在の漢字使用においては、球形のものだけでなく、円形のものに対しても、「丸」を当てることが多い。

まわり
【回り】回転。身辺。円筒形の周囲。——モーターの回りが悪い。回り舞台。時計回り。身の回り。胴回り。首回り。
【周り】周囲。周辺。——池の周り。周りの人。周りの目が気になる。学校の周りには自然が残っている。

みる
【見る】眺める。調べる。世話する。——遠くの景色を見る。エンジンの調子を見る。顔色を見る。面倒を見る。親を見る。
【診る】診察する。——患者を診る。脈を診る。胃カメラで診る。医者に診てもらう。

もと
【下】影響力や支配力の及ぶ範囲。…という状態・状況で。物の下の辺り。——法の下に平等。ある条件の下で成立する。一撃の下に倒した。花の下で遊ぶ。真実を白日の下にさらす。灯台下暗し。足下(元)が悪い＊。
【元】物事が生じる始まり。以前。近くの場所。もとで。——口は災いの元。過労が元で入院する。火の元。家元。出版元。元の住所。元首相。親元に帰る。手元に置く。お膝元。元が掛かる。
【本】(⇔末)。物事の根幹となる部分。——生活の本を正す。本を絶つ必要がある。本を尋ねる。
【基】基礎・土台・根拠。——資料を基にする。詳細なデータを基に判断する。これまでの経験に基づく。
　　＊「足もと」の「もと」は、「足が地に着いている辺り」という意で「下」を当てるが、「足が着いている地面の周辺（近くの場所）」という視点から捉えて、「元」を当てることもできる。

や
【屋＊】建物。職業。屋号。ある性質を持つ人。——長屋に住む。小屋。屋敷。酒屋。八百屋。三河屋。音羽屋。頑張り屋。照れ屋。
【家＊】人が生活する住まい。——貸家を探す。狭いながらも楽しい我が家。借家住まいをする。家主。家賃。空き家。
　　＊「屋」も「家」もどちらも「建物」という意では共通するが、「屋」は、主として、外側から捉えた建物の形状に視点を置いて用い、「家」は、主として、建物を内側から捉えたときの生活空間に視点を置いて用いる。

やさしい
【優しい】思いやりがある。穏やかである。上品で美しい。——優しい言葉を掛ける。誰にも優しく接する。気立ての優しい少年。物腰が優しい。
【易しい】(⇔難しい)。たやすい。分かりやすい。——易しい問題が多い。誰にでもできる易しい仕事。易しく説明する。易しい読み物。

やぶれる
【破れる】引き裂くなどして壊れる。損なわれる。—— 障子が破れる。破れた靴下。均衡が破れる。静寂が破れる。
【敗れる】負ける。—— 大会の初戦で敗れる。勝負に敗れる。人生に敗れる。選挙に敗れる。敗れ去る。

やわらかい・やわらかだ
【柔らかい・柔らかだ】ふんわりしている。しなやかである。穏やかである。—— 柔らかい毛布。身のこなしが柔らかだ。頭が柔らかい。柔らかな物腰の人物。物柔らかな態度。
【軟らかい・軟らかだ】(⇔硬い)。手応えや歯応えがない。緊張や硬さがない。—— 軟らかい肉。軟らかな土。地盤が軟らかい。軟らかく煮た大根。軟らかい表現。

よ
【世】その時の世の中。—— 明治の世＊。世の中が騒然とする。この世のものとは思えない美しさ。世渡り。世が世ならば。
【代】ある人や同じ系統の人が国を治めている期間。—— 明治の代＊。260年続いた徳川の代。武家の代。
　＊「明治のよ」については、「明治時代の世の中」という意では「明治の世」、「明治天皇の治世下にある」という意では「明治の代」と使い分ける。

よい
【良い】優れている。好ましい。—— 品質が良い。成績が良い。手際が良い。発音が良い。今のは良い質問だ。感じが良い。気立てが良い。仲間受けが良い。良い習慣を身に付ける。
【善い】道徳的に望ましい。—— 善い行い。世の中のために善いことをする。人に親切にするのは善いことである。

よむ
【読む】声に出して言う。内容を理解する。推測する。—— 大きな声で読む。子供に読んで聞かせる。秒読み。この本は小学生が読むには難しい。人の心を読む。手の内を読む。読みが浅い。読みが外れる。
【詠む】詩歌を作る。—— 和歌や俳句を詠む。一首詠む。歌に詠まれた名所。題に合わせて詠む。

わかれる
【分かれる】一つのものが別々の幾つかになる。違いが生じる。—— 道が二つに分かれる。敵と味方に分かれる。人生の分かれ道。勝敗の分かれ目。意見が分かれる。評価が分かれる。
【別れる】一緒にいた身内や友人などと離れる。—— 幼い時に両親と別れる。家族と別れ

て住む。けんか別れになる。物別れに終わる。

わく
【沸く】水が熱くなったり沸騰したりする。興奮・熱狂する。——風呂が沸く。湯が沸く。すばらしい演技に場内が沸く。熱戦に観客が沸きに沸いた。
【湧く】地中から噴き出る。感情や考えなどが生じる。次々と起こる。——温泉が湧く。石油が湧き出る。勇気が湧く。疑問が湧く。アイデアが湧く。興味が湧かない。雲が湧く。拍手や歓声が湧く。

わざ
【技】技術・技芸。格闘技などで一定の型に従った動作。——技を磨く。技を競う。技に切れがある。柔道の技。技を掛ける。投げ技が決まる。
【業】行いや振る舞い。仕事。——人間業とも思えない。神業。至難の業。軽業。業師。物書きを業とする。

わずらう
【煩う】迷い悩む。——卒業後の進路のことで思い煩う。心に煩いがない。
【患う】病気になる。——胸を患う。3年ほど患う。大病を患う。長患いをする。

〈付録2〉

送り仮名の付け方
［1973年6月内閣告示、1981年、2010年一部改正］

前書き

一 この「送り仮名の付け方」は、法令・公用文書・新聞・雑誌・放送など、一般の社会生活において、「常用漢字表」の音訓によって現代の国語を書き表す場合の送り仮名の付け方のよりどころを示すものである。

二 この「送り仮名の付け方」は、科学・技術・芸術その他の各種専門分野や個々人の表記にまで及ぼそうとするものではない。

三 この「送り仮名の付け方」は、漢字を記号的に用いたり、表に記入したりする場合や、固有名詞を書き表す場合を対象としていない。

「本文」の見方及び使い方

一 この「送り仮名の付け方」の本文の構成は、次のとおりである。
単独の語
　1　活用のある語
　　通則1（活用語尾を送る語に関するもの）
　　通則2（派生・対応の関係を考慮して、活用語尾の前の部分から送る語に関するもの）
　2　活用のない語
　　通則3（名詞であって、送り仮名を付けない語に関するもの）
　　通則4（活用のある語から転じた名詞であって、もとの語の送り仮名の付け方によって送る語に関するもの）
　　通則5（副詞・連体詞・接続詞に関するもの）
複合の語
　　通則6（単独の語の送り仮名の付け方による語に関するもの）
　　通則7（慣用に従って送り仮名を付けない語に関するもの）
付表の語
　1　（送り仮名を付ける語に関するもの）
　2　（送り仮名を付けない語に関するもの）

二 通則とは、単独の語及び複合の語の別、活用のある語及び活用のない語の別等に応じて考えた送り仮名の付け方に関する基本的な法則をいい、必要に応じ、例外的な事項又は許容的な事項を加えてある。

したがって、各通則には、本則のほか、必要に応じて例外及び許容を設けた。ただし、通則7は、通則6の例外に当たるものであるが、該当する語が多数に上るので、別の通則として立てたものである。

三　この「送り仮名の付け方」で用いた用語の意義は、次のとおりである。
　単独の語 …… 漢字の音又は訓を単独に用いて、漢字一字で書き表す語をいう。
　複合の語 …… 漢字の訓と訓、音と訓などを複合させ、漢字二字以上を用いて書き表す語をいう。
　付表の語 …… 「常用漢字表」の付表に掲げてある語のうち、送り仮名の付け方が問題となる語をいう。
　活用のある語 …… 動詞・形容詞・形容動詞をいう。
　活用のない語 …… 名詞・副詞・連体詞・接続詞をいう。
　本則 …… 送り仮名の付け方の基本的な法則と考えられるものをいう。
　例外 …… 本則には合わないが、慣用として行われていると認められるものであって、本則によらず、これによるものをいう。
　許容 …… 本則による形とともに、慣用として行われていると認められるものであって、本則以外に、これによってよいものをいう。

四　単独の語及び複合の語を通じて、字音を含む語は、その字音の部分には送り仮名を要しないのであるから、必要のない限り触れていない。

五　各通則において、送り仮名の付け方は許容によることのできる語については、本則又は許容のいずれに従ってもよいが、個々の語に適用するに当たって、許容に従ってよいかどうか判断しがたい場合には、本則によるものとする。

本　文

（**筆者注**）内閣告示による「送り仮名の付け方」では、各例示の語の送り仮名について、送りはじめの仮名、およびそれに関連する語幹部分に傍線が付されているものがあるが、この付録では、その傍線を省略し、それに代わってその傍線部分を太字で著わすこととした。

単独の語

1　活用のある語
通則1
　本則　活用のある語（通則2を適用する語を除く。）は、活用語尾を送る。
　〔例〕　憤る　承る　書く　実る　催す　生きる　陥れる　考える　助ける　荒い　潔い
　　　　　賢い　濃い　主だ

付録2 送り仮名の付け方

例外
（1）語幹が「し」で終わる形容詞は、「し」から送る。
　　〔例〕　著しい　惜しい　悔しい　恋しい　珍しい
（2）活用語尾の前に「か」、「やか」、「らか」を含む形容動詞は、その音節から送る。
　　〔例〕　暖かだ　細かだ　静かだ　穏やかだ　健やかだ　和やかだ　明らかだ
　　　　　　平らかだ　滑らかだ　柔らかだ
（3）次の語は、次に示すように送る。
　　〔例〕　明らむ　味わう　哀れむ　慈しむ　教わる　脅かす（おどかす）
　　　　　　脅かす（おびやかす）　関わる　食らう　異なる　逆らう　捕まる　群がる
　　　　　　和らぐ　揺する　明るい　危ない　危うい　大きい　少ない　小さい　冷たい
　　　　　　平たい　新ただ　同じだ　盛んだ　平らだ　懇ろだ　惨めだ　哀れだ　幸いだ
　　　　　　幸せだ　巧みだ

許容　次の語は、（　）の中に示すように、活用語尾の前の音節から送ることができる。
　　　　表す（表わす）　著す（著わす）　現れる（現われる）　行う（行なう）
　　　　断る（断わる）　賜る（賜わる）

（注意）語幹と活用語尾との区別がつかない動詞は、例えば、「着る」「寝る」「来る」など
　　　　のように送る。

通則2
本則　活用語尾以外の部分に他の語を含む語は、含まれている語の送り仮名の付け方に
　　　　よって送る。（含まれている語を［　　］の中に示す。）
　　〔例〕
（1）動詞の活用形又はそれに準ずるものを含むもの。
　　　　動かす［動く］　照らす［照る］　語らう［語る］　計らう［計る］
　　　　向かう［向く］　浮かぶ［浮く］　生まれる［生む］　押さえる［押す］
　　　　捕らえる［捕る］　勇ましい［勇む］　輝かしい［輝く］　喜ばしい［喜ぶ］
　　　　晴れやかだ［晴れる］　及ぼす［及ぶ］　積もる［積む］　聞こえる［聞く］
　　　　頼もしい［頼む］　起こる［起きる］　落とす［落ちる］　暮らす［暮れる］
　　　　冷やす［冷える］　当たる［当てる］　終わる［終える］　変わる［変える］
　　　　集まる［集める］　定まる［定める］　連なる［連ねる］　交わる［交える］
　　　　混ざる・混じる［混ぜる］　恐ろしい［恐れる］

（2）形容詞・形容動詞の語幹を含むもの。
　　　　重んずる［重い］　若やぐ［若い］　怪しむ［怪しい］　悲しむ［悲しい］
　　　　苦しがる［苦しい］　確かめる［確かだ］　重たい［重い］　憎らしい［憎い］
　　　　古めかしい［古い］　細かい［細かだ］　柔らかい［柔らかだ］
　　　　清らかだ［清い］　高らかだ［高い］　寂しげだ［寂しい］

（3）名詞を含むもの。

　　汗ばむ［汗］　先んずる［先］　春めく［春］　男らしい［男］
　　後ろめたい［後ろ］

許容　読み間違えるおそれのない場合は、活用語尾以外の部分について、次の（　）の中に示すように、送り仮名を省くことができる。

　〔例〕　浮かぶ（浮ぶ）　生まれる（生れる）　押さえる（押える）　捕らえる（捕える）
　　　　晴れやかだ（晴やかだ）　積もる（積る）　聞こえる（聞える）　起こる（起る）
　　　　落とす（落す）　暮らす（暮す）　当たる（当る）　終わる（終る）
　　　　変わる（変る）

（注意）次の語は、それぞれ［　］の中に示す語を含むものとは考えず、通則1によるものとする。

　　　　明るい［明ける］　荒い［荒れる］　悔しい［悔いる］　恋しい［恋う］

2　活用のない語

通則3

本則　名詞（通則4を適用する語を除く。）は、送り仮名を付けない。

　〔例〕　月　鳥　花　山　男　女　彼　何

例外

（1）次の語は、最後の音節を送る。

　　　辺り　哀れ　勢い　幾ら　後ろ　傍ら　幸い　幸せ　全て　互い　便り　半ば
　　　情け　斜め　独り　誉れ　自ら　災い

（2）数をかぞえる「つ」を含む名詞は、その「つ」を送る。

　〔例〕　一つ　二つ　三つ　幾つ

通則4

本則　活用のある語から転じた名詞及び活用のある語に「さ」、「み」、「げ」などの接尾語が付いて名詞になったものは、もとの語の送り仮名の付け方によって送る。

　〔例〕

（1）活用のある語から転じたもの。

　　　動き　仰せ　恐れ　薫り　曇り　調べ　届け　願い　晴れ　当たり　代わり
　　　向かい　狩り　答え　問い　祭り　群れ　憩い　愁い　憂い　香り　極み
　　　初め　近く　遠く

（2）「さ」、「み」、「げ」などの接尾語が付いたもの。

　　　暑さ　大きさ　正しさ　確かさ　明るみ　重み　憎しみ　惜しげ

例外　次の語は、送り仮名をつけない。

　　　謡　虞　趣　氷　印　頂　帯　畳　卸　煙　恋　志　次　隣　富　恥　話　光

舞　折　係　掛（かかり）　組　肥　並（なみ）　巻　割

（注意）ここに掲げた「組」は、「花の組」、「赤の組」などのように使った場合の「くみ」であり、例えば、「活字の組みがゆるむ。」などとして使う場合の「くみ」を意味するものではない。「光」「折」「係」なども、同様に動詞の意識が残っているような使い方の場合は、この例外に該当しない。したがって、本則を適用して送り仮名を付ける。

許容　読み間違えるおそれのない場合は、次の（　）の中に示すように、送り仮名を省くことができる。
〔例〕　曇り（曇）　届け（届）　願い（願）　晴れ（晴）　当たり（当り）
　　　　代わり（代り）　向かい（向い）　狩り（狩）　答え（答）　問い（問）
　　　　祭り（祭）　群れ（群）　憩い（憩）

通則5
本則　副詞・連体詞・接続詞は、最後の音節を送る。
〔例〕　必ず　更に　少し　既に　再び　全く　最も　来る　去る　及び　且つ　但し

例外
（1）次の語は、次に示すように送る。
　　明くる　大いに　直ちに　並びに　若しくは
（2）次の語は、送り仮名を付けない。
　　又
（3）次のように、他の語を含む語は、含まれている語の送り仮名の付け方によって送る。
（含まれている語を［　］の中に示す。）
〔例〕　併せて［併せる］　至って［至る］　恐らく［恐れる］　従って［従う］
　　　　絶えず［絶える］　例えば［例える］　努めて［努める］　辛うじて［辛い］
　　　　少なくとも［少ない］　互いに［互い］　必ずしも［必ず］

複合の語

通則6
本則　複合の語（通則7を適用する語を除く。）の送り仮名は、その複合の語を書き表す漢字の、それぞれの音訓を用いた単独の語の送り仮名の付け方による。
〔例〕
（1）活用のある語
　　書き抜く　流れ込む　申し込む　打ち合わせる　向かい合わせる　長引く
　　若返る　裏切る　旅立つ　聞き苦しい　薄暗い　草深い　心細い　待ち遠しい
　　軽々しい　若々しい　女々しい　気軽だ　望み薄だ

（2）活用のない語

　　石橋　竹馬　山津波　後ろ姿　斜め左　花便り　独り言　卸商　水煙　目印
　　田植え　封切り　物知り　落書き　雨上がり　墓参り　日当たり　夜明かし
　　先駆け　巣立ち　手渡し　入り江　飛び火　教え子　合わせ鏡　生き物　落ち葉
　　預かり金　寒空　深情け　愚か者　行き帰り　伸び縮み　乗り降り　抜け駆け
　　作り笑い　暮らし向き　売り上げ　取り扱い　乗り換え　引き換え　歩み寄り
　　申し込み　移り変わり　長生き　早起き　苦し紛れ　大写し　粘り強さ
　　有り難み　待ち遠しさ　乳飲み子　無理強い　立ち居振る舞い　呼び出し電話
　　次々　常々　近々　深々　休み休み　行く行く

許容　読み間違えるおそれのない場合は、次の（　）の中に示すように、送り仮名を省くことができる。

〔例〕　書き抜く（書抜く）　申し込む（申込む）　打ち合わせる（打ち合せる・打合せる）
　　　向かい合わせる（向い合せる）　聞き苦しい（聞苦しい）
　　　待ち遠しい（待遠しい）　田植え（田植）　封切り（封切）　落書き（落書）
　　　雨上がり（雨上り）　日当たり（日当り）　夜明かし（夜明し）　入り江（入江）
　　　飛び火（飛火）　合わせ鏡（合せ鏡）　預かり金（預り金）　抜け駆け（抜駆け）
　　　暮らし向き（暮し向き）　売り上げ（売上げ・売上）　取り扱い（取扱い・取扱）
　　　乗り換え（乗換え・乗換）　引き換え（引換え・引換）　申し込み（申込み・申込）
　　　移り変わり（移り変り）　有り難み（有難み）　待ち遠しさ（待遠しさ）
　　　立ち居振る舞い（立ち居振舞い・立ち居振舞・立居振舞）
　　　呼び出し電話（呼出し電話・呼出電話）

（注意）「こけら落とし（こけら落し）」、「さび止め」、「洗いざらし」、「打ちひも」のように、前又は後ろの部分を仮名で書く場合は、他の部分については、単独の語の送り仮名の付け方による。

通則7

複合の語のうち、次のような名詞は、慣用に従って、送り仮名を付けない。

〔例〕

（1）特定の領域の語で、慣用が固定していると認められるもの。

ア　地位・身分・役職等の名。
　　関取　頭取　取締役　事務取扱
イ　工芸品の名に用いられた「織」、「染」、「塗」等。
　　《博多》織　《型絵》染　《春慶》塗　《鎌倉》彫　《備前》焼
ウ　その他。
　　書留　気付　切手　消印　小包　振替　切符　踏切　請負　売値　買値
　　仲買　歩合　両替　割引　組合　手当　倉敷料　作付面積
　　売上《高》　貸付《金》　借入《金》　繰越《金》　小売《商》
　　積立《金》　取扱《所》　取扱《注意》　取次《店》　取引《所》

　　　　　乗換《駅》　　乗組《員》　　引受《人》　　引受《時刻》　　引換《券》
　　　　《代金》引換　　振出《人》　　待合《室》　　見積《書》　　申込《書》
　（２）一般に、慣用が固定していると認められるもの。
　　　　奥書　木立　子守　献立　座敷　試合　字引　場合　羽織　葉巻　番組　番付
　　　　日付　水引　物置　物語　役割　屋敷　夕立　割合　合図　合間　植木　置物
　　　　織物　貸家　敷石　敷地　敷物　立場　建物　並木　巻紙　受付　受取
　　　　浮世絵　絵巻物　仕立屋

（注意）
　（１）「《博多》織」、「売上《高》」などのようにして掲げたものは、《　　》の中を他の
　　　　漢字で置き換えた場合にも、この通則を適用する。
　（２）通則7を適用する語は、例として挙げたものだけで尽くしてはいない。したがって、
　　　　慣用が固定していると認められる限り、類推して同類の語にも及ぼすものである。
　　　　通則7を適用してもよいかどうか判断しがたい場合には、通則6を適用する。

付表の語

「常用漢字表」の「付表」に掲げてある語のうち、送り仮名の付け方が問題となる次の語は、次のようにする。

　1　次の語は、次に示すように送る。
　　　浮つく　お巡りさん　差し支える　立ち退く　手伝う　最寄り

　　なお、次の語は、（　）の中に示すように、送り仮名を省くことができる。
　　　差し支える（差支える）　立ち退く（立退く）

　2　次の語は、送り仮名を付けない。
　　　息吹　桟敷　時雨　築山　名残　雪崩　吹雪　迷子　行方

●著者紹介

應和　邦昭（おうわ　くにあき）（1944年生まれ）

略歴：國學院大學大学院経済学研究科博士後期課程修了（経済学博士）
　　　東京農業大学助教授・教授を経て、東京農業大学名誉教授／東京経済大学非常勤講師、東京医療保健大学非常勤講師、明治大学兼任講師、東洋学園大学非常勤講師、等を歴任

主著：『イギリス資本輸出研究』（単著、1989年）；『21世紀の国際経済』（共著、1997年）；『人と地球環境との調和』（共著、1997年）；『現代資本主義と農業再編の課題』（編著、1999年）；『グローバル時代の貿易と投資』（共著、2003年）；『食と環境』（編著、2005年）；『食料環境経済学を学ぶ』（共著、2007年）など

新版 論文作成ガイド
社会科学を学ぶ学生のために

2013年4月1日	初　版	第1刷発行
2018年3月1日	新　版	第1刷発行
2022年10月15日		第3刷発行

著　者　　應和　邦昭
発行所　　一般社団法人東京農業大学出版会
　　　　　代表理事　進士　五十八
　　　　　〒156-8502　東京都世田谷区桜丘1-1-1
　　　　　TEL 03-5477-2666　FAX 03-5477-2747
　　　　　　　　http://nodai.ac.jp
　　　　　　　E-mail　shuppan@nodai.ac.jp
印刷・製本　共立印刷株式会社

ⓒ2018　Kuniaki Ohwa　　Printed in Japan
ISBN 978-4-88694-485-6　C3061　￥1200E